Per Kirkeby

DIE BRONZEN
THE BRONZES

Ulrich Wilmes

Per Kirkeby

DIE BRONZEN
THE BRONZES

Werkverzeichnis
Catalogue raisonné

mit einem Text von Per Kirkeby
und Werkphotographien von Claudio Abate

with a text by Per Kirkeby
and photographs of the work by Claudio Abate

Lenbachhaus München
Verlag der Buchhandlung Walther König, Köln

Per Kirkeby

HÄUSER FÜR SKULPTUREN

Irgendwann komme ich immer auf die Häuser für Skulpturen, auf ihre Umgebung. Tegners Museum, sein eigenes Stück Architektur. Rodins Heim, Wohnung und Werkstätte in einem, und nun also Thorvaldsens Museum.

Es scheint schwierig, sich an die Skulptur allein zu halten. Seltsamerweise kann ich Gemälde ohne weiteres unabhängig von ihrer Umgebung sehen und mich an sie erinnern, während ich freistehende Gegenstände, wie eben Skulpturen, ohne ihr „System" nicht richtig festzuhalten vermag. Wie kommt es, daß ein von der Idee her freier Gegenstand eher von seinem Zusammenhang abhängig ist als ein flaches Stück Leinwand? Das reicht bis zur Empfindung des ersten Eindrucks zurück. Man kann lange vor einem Gemälde stehen und sich sozusagen darin vertiefen, das heißt man verliert sich in eine Träumerei, das äußere Bild verführt nach innen. Aber man kann auch ganz wach sein und alle Details und Verläufe des Pinselstrichs sehen. Jedoch ist es fast unmöglich, eine Skulptur zu fixieren. Am besten sieht man sie im Vorübergehen, von der Seite. Einzelheiten sind schwer festzuhalten, sie drehen sich weg. Und der Charakter des Materials an sich ist dermaßen konkret von dieser Welt, daß er Träume nicht zuläßt. Da steht ein Ding in dieser Welt, ganz greifbar, was soll man also dazu sagen? Es ist schwer, sich auf eine Skulptur zu konzentrieren, und man verläßt sie immer mit dem schlechten Gewissen, etwas übersehen zu haben. Es ist schwer, Worte von einer Skulptur mitzunehmen, im Grunde sperrt sie sich gegen Symbolik und Sinngebung. In dieser Hinsicht gleichen Skulpturen Bäumen: Symbole und Poesie wirken gegenüber ihrer Präsenz ein bißchen lächerlich.

Ich versuche oft die entgegengesetzte Taktik einzusetzen, die ich auf Bilder anwende: nämlich durch Nebensächlichkeiten an die Skulptur heranzukommen, so etwa wie den stützenden Baumstamm, den Felsbrocken am Fuße. Bei der Malerei entkomme ich dem augenscheinlichen Inhalt des Bildes, durch Konzentration auf alles um das Wichtige herum, das Randbestimmte, Felsränder, Wolkenformationen usw. Das geht gut, es gibt jede Menge brauchbaren Stoff zu klauen. Bei den Skulpturen ist es komplizierter. Es ist ja auch die entgegengesetzte Richtung, und selbst als Zutritt funktioniert es selten. Und schon gar nicht bei Thorvaldsen, da sieht man kaum den Trittstein, bevor man darauf ausrutscht. So komme ich oft auf die Häuser statt über die Skulpturen in den Häusern zu sprechen.

Oder vielleicht ist das nur eine andere Art, über Skulpturen zu sprechen. Die Häuser sind die Skulpturen, sozusagen in sprechender Form. Im Falle Tegners ist es ganz klar, er hat sein Haus selbst gebaut. Nach Rodins Verständnis bleibt die Werkstatt stets offen. Bei Thorvaldsen ist es anders. Das Haus ist von Gottlieb Bindesböll und nicht vom Meister selbst entworfen. Thorvaldsens Museum ist ein geniales Haus für Skulpturen. Es dient ihnen durch seine Konzeption, die sie anschaulich macht, und zwar als Gegenstände und nicht als Symbole oder Traumkisten. Im Erdgeschoß werden ausschließlich Skulpturen gezeigt. Die Gemäldesammlung befindet sich darüber. Da gibt es keine unselige Mischung von Malerei und Skulptur. So ein Versuch geht immer daneben. Die Skulpturen werden von der Suggestion der weit zugänglicheren Gemälde angesteckt. Sie werden in eine Bedeutungswelt hineingezogen, in die sie nicht gehören. Sie werden unfreie Souvenirs. Es dürfen Farben und Strukturen um die Skulptur sein, aber „bedeuten" dürfen sie nichts. Das ist eines der Dinge, die in Thorvaldsens Museum auf großartige Weise gelöst sind. Doch in erster Linie ist Thorvaldsens Museum eine architektonische Skulptur, welche die Skulpturen heraushebt. Skulpturen stehen nicht gut alleine in der Menge, sie müssen von einer großen Skulptur eingefaßt werden. Das ist das Paradoxe an Skulpturenausstellungen.

In Thorvaldsens Museum gibt es zwei Arten konzeptueller Vorzeigemaschinerie, und zwar eine lange Reihe von Nischen für die mittleren sowie große Säle mit Tonnengewölben für die großen Skulpturen. Ich nenne es eine Reihe von Nischen statt einer Folge von Räumen. Der Trick ist, daß die lange Flucht durch die Türen, die sich alle an der Außenseite befinden, also nicht an den Innenwänden, das wichtigste ist. Sie bildet das Rückgrat. Die einzelnen Räume sind Ausbuchtungen entlang dieses Rückgrats. Es handelt sich also nicht um Räume mit je einer Skulptur, sondern um ein besonderes Raumgebilde zur Skulpturenbetrachtung, welches der Eigenart unseres Zugangs zur Skulptur entgegenkommt. Man kann nämlich schnurstracks einfach durchgehen, etwas in der ganzen Konstruktion fordert dazu auf, das andere Ende ruft. Dieses sinnlos zielbewußte Flanieren aktiviert den Seitwärtsblick, man sieht im Vorübergehen, und sieht dadurch klarer. Dann kann man zurückgehen und sich verzweifelt in die einzelne Skulptur vertiefen, ungestört von den anderen. Man erlebt tatsächlich, wie ungeheuer schwierig dieses Sichvertiefen ist.

Die Säle mit den großen Skulpturen rufen dieselbe Verzweiflung hervor. Sie bewirken eine Art einfacher Ordnung der Skulpturen an der Wand entlang. In einem Saal wie in einer Kirche, im größten wie in einem riesigen Lager. Diesem Eindruck, der schon beim Eintreten entsteht, vermögen sich die einzelnen Skulpturen kaum zu entziehen.

Aber wozu dann das Ganze, wenn es so schwierig ist, sich zu vertiefen und der einzelnen Skulptur Sinn zu entlocken? Vielleicht, um den ganzen Apparat von Sinnvorstellung und Vertiefung aufzugeben, um sich endlich der Tektonik und Energie der Skulptur auszuliefern. Es wirkt, als ob ein starkes konzeptuelles Arrangement die Skulpturen vom „Konzept" befreite. Sie werden auf freien Fuß gesetzt, paradoxerweise durch ein strenges Konzept.

Ich habe diese Richtung selbst nach tiefer Verzweiflung darüber versucht, meine Skulpturen von inkompetenter und geschmackvoller Hand in Ausstellungssälen verstreut sehen zu müssen. Im Zollverein Essen (1997) konstruierte ich meine eigene Ausgabe der Einzel-Raum-Reihe von Thorvaldsens Museum, in erster Linie, um das Problem kleinerer Skulpturen in einer sehr großen Industriehalle zu lösen. Aber meine Befürchtung, daß die markante Backsteinkonstruktion die Skulpturen schlucken würde, erwies sich als unbegründet. Es war wie beim „System Thorvaldsen", die Skulpturen wurden freigelassen und zeigten all ihre Brüche und Formationen.

Per Kirkeby

HOMES FOR SCULPTURES

At a certain point, I always end up turning to the buildings, the settings of sculptures. Tegner's Museum, his own piece of architecture. Rodin's home, house and workshop combined, and now Thorvaldsen's Museum.

It is as though it is difficult to keep hold of the sculptures all on their own. It is a curious paradox that I have no difficulty in seeing and remembering paintings irrespective of their settings, but I cannot really retain free-standing objects such as – in this case – sculptures separated from their "system". How can it be that an, ideally speaking, free object is more dependent on its setting than a flat piece of canvas? It hinges on the way you feel on first sensing it. You can stand in front of a painting for a long time and, as the saying goes, immerse yourself in it. That is to say you lose yourself in day-dreaming; the external picture seduces and draws you into it. And at the same time, you can be quite awake and see all the details and the courses of the brush strokes. It is almost impossible to fixate a sculpture. It is best seen in passing, from the side. Individual details are difficult to get hold of: they turn away from you. And even the nature of the material is so concrete, so much of this world, that it spurns dreams. An object is standing before you, and it is here in the world quite tangible, and what are you to say about it? It is difficult to concentrate on a sculpture, and you always leave it with a bad conscience, feeling there is something you have overlooked. It is difficult to take a message with you from a sculpture. Essentially, the object spurns symbols and meaning. In this way, sculpture resembles a tree: symbols and poetry become slightly ridiculous as against its mere presence.

I often try the opposite tactic of the one I apply to pictures. That is to say I try to find my way into the sculpture through the minor details. These are things such as the supporting tree trunk or the chunk of rock near the foot. In the case of a painting, I evade the picture's content by concentrating on all those things surrounding the central feature, those things that are determined by the border, the edge of a cliff, cloud formations etc. That is fine, there is plenty of suitable material to steal. It is more difficult with sculptures. And besides, the approach is the opposite one, but even as a stepping stone it rarely works. And with Thorvaldsen it doesn't work at all. In his case, you hardly manage to see the stone before you slip on it. So I often end up talking about the buildings instead of sculptures in the buildings.

Or perhaps this is another way of talking about the sculptures. The buildings are the sculptures – in a telling form, so to speak. In Tegner's case, it is obvious enough: he built his house himself. Rodin embraces the logic that it is the workshop which is always open. Thorvaldsen is different. The building was the work of Gottlieb Bindesböll, and not of the master himself. Thorvaldsen's Museum is a brilliant home for sculpture. It provides the sculptures with an outline that makes them visible. It moreover makes them visible precisely as objects and not as symbols or boxes of dreams. The ground floor displays sculpture purely and simply. The paintings are upstairs. There is no unfortunate mix of painting and sculpture. Things always go wrong when you try that. The sculptures are inefected by the suggestions emanating from the far more accessible paintings. They are drawn into a world of meanings in which they do not belong. They become constrained souvenirs. The sculptures can well be surrounded by color and structure, but these must not "mean" anything. And that is one problem that has been generously solved in Thorvaldsen's Museum. However, Thorvaldsen's Museum is first and foremost a piece of architectural sculpture presenting the sculptures. Sculptures do not come out well simply as a cluster, they must be embraced by a great work of sculpture. That is the paradox of exhibitions of sculpture.

In Thorvaldsen's Museum, there are two conceptional mechanisms for presenting the exhibits. There is a long series of niches and there are the big halls with barrel vaultings. The series of niches is for medium-sized sculptures, and the halls for the large ones. I call them a series of niches rather than a sequence of rooms. The trick is that the most important feature is the long line of vision through the doors, all of which are to the side, that is to say not in the middle of the walls. It is the spine. The individual rooms are bulges on this spine. So this represents not rooms each with its own sculpture, but a special formation of space in which to contemplate sculpture. And this fits in with the special way in which we approach sculpture. For you can go straight through; there is something in the entire structure that encourages you to do this – the other end beckons you. This meaningless determined stroll activates the sideway glance. You look at things as you pass by. And thereby, you look at them more unambiguously. Then you can do that without being disturbed by the other pieces. You really manage to experience how incredibly difficult this immersion is.

The halls with the large sculptures give rise to the same despair. They produce a simple kind of arrangement of the sculptures along the walls – in one hall like a church, in the biggest room like a mighty storehouse. It is almost impossible for the individual sculptures to escape the impression that meets you as you enter the rooms.

But then, what is the sense of the whole when it is so difficult to become engrossed and worm out the meaning of individual sculptures? Perhaps abandon the whole apparatus of ideas of meaning and engrossment to surrender oneself to the sculpture's own tectonics and energy. It is as though a powerful conceptual arrangement has liberated the sculptures from ideas. They are set free, paradoxically enough by way of a strict concept.

I have myself tried out something of that kind after several breakdowns on seeing my sculptures incompetently and tastefully scattered around exhibition halls. In Essen (Zollverein 1997) I constructed my version of the series of single rooms in Thorvaldsen's Museum. It was primarily to solve the problem of smaller-scale sculptures in a very large industrial hall. But the misgivings I had beforehand about the striking brick structure swallowing up the sculptures turned out to be unfounded. It was like Thorvaldsen's System: the sculptures were liberated and revealed all their facets and formations.

Ulrich Wilmes

UNTERWEGS ZWISCHEN ZUSTÄNDEN – DIE BRONZEPLASTIKEN VON PER KIRKEBY

I.

Die künstlerische Haltung von Per Kirkeby ist durch sein außerordentliches Bewußtsein für den Erfahrungszusammenhang der bildenden Kunst und unserer Lebenswelt geprägt. Im Rückblick auf die Werkentwicklung der vergangenen fünfunddreißig Jahre scheinen sich deren Konstanten wie ihre Wendungen häufig antagonistisch zu den ausgewiesenen Strömungen der Kunst, ihren sich radikal verändernden Produktions-, Präsentations- und Distributionsmechanismen zu vollziehen. Kirkeby hat die zeitgleichen Tendenzen aber nicht aus einer individualistisch-beschränkten Warte heraus ignoriert, sondern er hat sich stets über diese hinweggesetzt. Seine integrative Sicht der Dinge basiert auf einem intensiven Gespür für die eigene zeitgenössische Befindlichkeit im Verhältnis zu deren historischen Bedingungen.

Per Kirkeby entwickelte seine Annäherung an die künstlerische Praxis unter sehr spezifischen Voraussetzungen in einem kunstfremden Bezugsfeld, das er aus der Skepsis gegenüber einer akademischen Ausbildung wählte. Diese Entscheidung steht von Beginn an für seine ausgeprägte Selbstgewißheit. Denn er war sich über seine Absichten naturgemäß noch nicht eindeutig im klaren, verstand aber seine Ausbildung zum Geologen und den damit verbundenen Fundus außerordentlicher Erfahrungen, die er sich auf den Expeditionen erschließen konnte, als direkten Weg zur Kunst. Einerseits prägten diese Erfahrungsräume, denen er auf Grönland und später in Mittelamerika begegnete, Kirkebys künstlerische Entwicklung in ganz entscheidendem Maße. Auf der anderen Seite war die intensive Beschäftigung mit der Kunst Skandinaviens natürlicher Teil seines Selbstverständnisses und seiner Identität als Künstler, in welche die absolut divergierenden Positionen von Bertel Thorvaldsen und Asger Jorn einflossen, zu der aber auch die Werke von Außenseitern wie Carl Fredrik Hill, Ernst Josephson oder des Bildhauers Hansen Jacobson beitrugen. Dazu kam die zum Teil programmatische Auseinandersetzung mit historisch überragenden Persönlichkeiten wie Rodin, Monet, Klee oder Schwitters.

Nicht zu vergessen ist in diesem Zusammenhang Kirkebys aktiver Anteil an der als legendär geltenden Kunstszene Kopenhagens der frühen 60er Jahre, deren Ausgangspunkt und Zentrum die Experimental Art School war, der Kirkeby 1962 noch während seines Geologie-Studiums beitrat. Ihre Gründung wurde durch ein Umfeld begünstigt, das nicht zuletzt durch Addi Koepcke bereitet war, dessen Galerie Kopenhagen zu einem Zentrum für Fluxus und Konzeptkunst machte. In diesem künstlerischen Klima wuchs Kirkeby sozusagen auf, es lieferte ihm die wesentlichen Einsichten in die künstlerische Praxis – vor allem im Bereich der Skulptur – der Avantgarde. Kirkeby fand hier ein Experimentierfeld, vor dessen Hintergrund er seine eigenen zeitgenössisch-bildnerischen Vorstellungen verfolgte.

II.

Die Auseinandersetzung mit den Ansätzen der Minimal Art und Konzeptkunst war in diesem Zusammenhang wesentlicher Antrieb. Im Gegensatz zu deren Vorstellung einfacher auf sich selbst verweisender Objekte einerseits und einer Entmaterialisierung des Werks andererseits, sind die empirischen Inhalte in Kirkebys künstlerischem Verständnis von zentraler Bedeutung. Der Ursprung der bildnerischen Idee wird zur Bild-Figur, die im wörtlichen wie übertragenen Sinne das Wesen seiner malerischen und plastischen Formen bestimmt, das heißt, sowohl die erzählerischen als auch strukturellen Merkmale seiner Werke bezeichnet. Anfang der 80er Jahre gelangte die Renaissance expressiv-gegenständlicher Malerei auf ihren Höhepunkt. Und es ist offenbar, daß Kirkeby die Wiederentdeckung des Erzählerischen, von dem er seit den frühen 60er Jahren nicht abgelassen hatte, ohne daß dies entsprechend zur Kenntnis genommen worden wäre, als „eines der großen Paradoxe [s]eines Daseins" (P. K., Gespräche mit Lars Morell, Köln, 1998, S. 107) vorkommen mußte. Solche Paradoxe können auch bewußt herbeigeführt worden sein, insofern sie Kirkebys Wesen im Umgang mit dem, was um ihn herum geschieht, zu entspringen scheinen. Wenn er also ausgerechnet zu dieser Zeit den Schwerpunkt seiner Arbeit auf die Auseinandersetzung mit den Bronzen verlegt, so geschieht dies auf der Basis seiner Reflexion der zeitgenössischen Entwicklung, die eine gewisse Furcht vor einer Vereinnahmung barg, welche dem eigenen Empfinden seiner gegenwärtigen Situation widersprach. Seine Überlegungen zur eigenen Werkentwicklung rieben sich Ende der 70er Jahre an den grundsätzlichen Fragen nach einer Wiedergewinnung von inhaltlichen Referenzen. Sein Bemühen um die menschliche Figur folgte der Erkenntnis, „daß nicht alles nur Struktur sein [kann]". (Ebd. S. 88) Figurative Formen waren für Kirkeby demzufolge Metaphern für den Inhalt einer malerischen oder plastischen Struktur.

Insofern in den figurativen wie auch in den architektonischen Themen eine bildhafte Ausrichtung der plastischen Form erkennbar ist, wird deren Erscheinung maßgeblich durch ihre empirische Gestalt bestimmt, die gegenständliche Verweise in einer verdichteten Materialität weitgehend auflöst.

Diese innere Gebundenheit im Material evoziert eine Verfestigung der Formen, die aus einer Sedimentation, das heißt aus einer materiellen Ablagerung, Schichtung und Anhäufung erwächst. Kirkeby schafft demnach seine Darstellungsgegenstände aus der physischen Aneignung des Materials, indem ihre gegenständlichen Bezüge durch den bildnerischen Prozeß einerseits zu einer bildhaften Synthese verschmolzen und/oder andererseits zu einer monolithischen Präsenz gesteigert werden.

III.

Demgegenüber sind die sogenannten Modelle, die ihn bereits seit Mitte der 70er Jahre konstant beschäftigten, allein architektonischen Formstudien vorbehalten. Kirkeby benutzt diese kleinen plastischen Skizzen als Bozetti für Backsteinplastiken. Damit ist bereits das wesentliche Kriterium für ihre formale Trennung von den figurativen Bronzen genannt. Darüber hinaus besitzen gerade die im Kontext des Gesamtwerks relativ unspektakulären Modelle eine integrative Komponente. Sie machen anschaulich, daß Kirkebys Backsteinplastiken keineswegs aus der Fragmentierung bzw. als Zitate architektonischer Formstrukturen und Dekors nur abgeleitet sind. Vielmehr dokumentieren sie über ihre ikonographischen Bezüge hinaus Kirkebys Auffassung der Plastik als Gegenstand im Raum. Das heißt, in den maßstablosen Modellen entwickelt er Formstrukturen, die plastische Relationen von Proportion, Volumen und Fläche aus einer körperlichen Annäherung heraus entwerfen.

Mit der Verwendung von Backstein und Bronze verfolgt Kirkeby zwei Verfahrensmodelle zur Materialisierung und Strukturierung plastischer Formvorstellungen, die den bildnerischen Prozeß auf unterschiedlichen Wegen als syntaktisches Prinzip darstellen. In Bezug auf seine Backsteinplastiken hat er immer darauf verwiesen, daß diese architektonische Strukturen in den bildnerischen Prozeß einbeziehen, in denen sich grundlegende Aspekte von Körperlichkeit und Räumlichkeit durchdringen. Kirkeby gewinnt ihre anschauliche Gestalt, indem er die körperlichen und tektonischen Gestalt-elemente in den Modellen plastisch ausformt. Eine anschauliche Vorgabe der Backsteinplastiken fand Kirkeby in der Architektur seiner dänischen Heimat, deren Erscheinung in hohem Maße von ihrem Material geprägt ist. In einem Text über die Grundtvigs-Kirche in Kopenhagen schreibt Kirkeby über die Wahrnehmung des Bauwerks als einer plastischen Form: „Steht man vor der Kirche, so sieht man eine gewaltige Form und eigentlich gar keinen Turm. Sie ist ein mächtiger Kristall. Ein fast organischer, lebender Kristall, der stufenförmig emporwächst." (P. K., Rund um die Grundtvigs-Kirche, in: Handbuch – Texte zu Architektur und Kunst, Bern – Berlin, 1993, S. 36)

Die in der Kristall-Metapher zum Ausdruck gebrachte Verbindung körperlicher und tektonischer Strukturen betrifft sowohl die Backstein- als auch die Bronzeplastiken. Während die Modelle also eine körperliche Aneigung architektonischer Formen demonstrieren, vermitteln frühe Backsteinplastiken figurative Ansätze, wie Kirkeby sie z. B. für die Ausstellung 1977 im Essener Folkwangmuseum geschaffen hat. Darüber hinaus wird an diesen Beispielen ablesbar, daß diese Verbindungen aus der Wechselbeziehung von materiellen und strukturellen Eigenarten entstehen, deren herkömmliche Anschauungsmerkmale von Kirkeby umgekehrt werden.

In der Beschreibung der wahrnehmungsbedingten Wechselbeziehung körperlicher und tektonischer Aufbau- und Gestaltmerkmale wird die grundsätzliche Verwandtschaft seiner gemauerten Backstein- und modellierten Bronzeplastiken greifbar. Die Realisierung plastischer Vorstellungen aus dem Formmodul des Backsteins vermittelt die „Anonymität des Kunstwerkes als eine[r] Größe", die „das Festgelegte der Plastik" bezeichnet. (P. K., Ziegelsteinskulpturen, in: von hier aus, Kat. Düsseldorf, 1984, S. 182) Anonymität beinhaltet in diesem Zusammenhang nicht nur die Vermeidung künstlerischer Handschrift und stilistischer Gestaltmerkmale, vielmehr umfaßt Kirkebys Verständnis des Begriffs eine phänomenologische Perspektive, welche auf die sich unter der äußeren Erscheinung der Wirklichkeit bewegenden „Strukturen" verweist. Letztlich überragt nach Kirkeby dieses „Festgelegte" in jedem „überlegenen Kunstwerk" die vordergründige, „kleinkarierte Originalität". (Ebd. S. 182)

An dieser prinzipiellen Unterscheidung, die das „Anonyme" als eine primäre Gestalt und Anschauungsqualität gegenüber dem „Originellen" hervorhebt, verdeutlicht Kirkeby, daß das Kunstwerk seine originäre Identität nicht aus stilistischen Kategorien schöpft, sondern aus seiner historischen Bedingtheit, in der Künstler und Betrachter jeweils für sich das Verhältnis von subjektiver Erfahrung und Wirklichkeit klären müssen. Darin gründet für Kirkeby gleichzeitig sein Verständnis von „Klassizismus", der die Wesensverwandtschaft seiner Skulpturen trägt – nicht als ein stilistisches Bestreben, sondern als „biographischer Stoff", der sich „in ein Bestreben organisiert". (P. K., Klassizismus, in: Bravura, Bern – Berlin, 1984, S. 111) „Deshalb benutze ich auch Ziegelsteinskulpturen, um auf den Klassizismus in den handgemachten zu verweisen und um sie festzuhalten, die Anonymität. Und die handgemachten benutze ich, um das Intuitive, das Überzeugte in den Ziegelsteinskulpturen festzuhalten." (P. K., Ziegelsteinskulpturen, a. a.O., S. 182)

IV.

Zwischen 1981 und 1985 schafft Kirkeby in rascher Folge eine sehr geschlossene, vielgestaltige Werkgruppe von Bronzeplastiken. Die Intensität, mit der Kirkeby an ihnen arbeitet, zeigt sich allein daran, daß in diesem Zeitraum ca. drei Viertel der bisherigen Produktion entstanden ist. Die zentrale Thematik ist die Auseinandersetzung mit körperlichen und architektonischen Figurationen. Diese Unterscheidung kommt zum einen in den Motiven von Kopf und Arm bzw. der Interpretation des Torsos zum Ausdruck, zum anderen im Sujet des Tores, wobei an wesentlichen Punkten der Werkentwicklung Überschneidungen beider Darstellungsgegenstände feststellbar sind. Mit den Bronzen entwickelt Kirkeby eine Methode, Menschen und Dinge in plastische Figuren zu übersetzen. Die dabei entstehenden Gebilde stellen Fragmente dar, die Metaphern der Wahrnehmungs- und Formprozesse sind. Dabei führt die Vorstellung eines Gegenstandes zu einer bildnerischen Idee, die sich im Verlauf ihrer Umsetzung verändert. Sie wird von Kirkeby aufgebrochen und bringt am Ende eine neue Form hervor. „Ich glaube kaum, daß ich jemals einen ganzen Baum gezeichnet habe. Es entstand immer nur ein Teil, meistens der unterste, das was zum Baumstumpf wird. Und diesen erlebe ich als eine Stele, einen vom Menschen geschaffenen Stumpf. Die Stele im Regenwald wird jedoch zu einem Baum. Von meiner oder von der Hand der Natur." (P. K., Das Detail gross machen, in: Bravura, a. a.O., S. 122)

In einer ersten Gruppe von fünf Skulpturen aus dem Jahr 1981 formuliert Kirkeby seine thematischen Schwerpunkte im überschaubaren Format. Das synthetische Wesen, das die äußere Erscheinung der Bronzen zunächst kennzeichnet, erscheint hier bereits in exemplarischer Weise ausgeprägt. Kopf, Arm und Tor werden als fragmentarische Figurationen vorgestellt.

Der kleine Kopf mit Arm zeichnet eine scharf profilierte Form, die – der Bezeichnung des Titels folgend – als miteinander verschmolzener Kopf und Arm vorzustellen ist. Die handgreifliche Modellierung tilgt jeglichen individuellen Ausdruck. Dennoch ist das Profil mit Stirn, Augenhöhle, Nase, Mund und Kinn nachvollziehbar gegen eine Form abgesetzt, die analog als hinter dem Kopf erhobener Arm erscheint.

Als körperliche Versatzstücke sind Kopf und Arm für Kirkeby uninteressant, weil ihre erzählerischen bzw. „anekdotischen" Aspekte die plastische Form zu sehr vereinnahmen würden. Er erklärt diese wesentliche Unterscheidung damit, daß ein Gesichtsprofil, das die individuellen Züge nachzeichnet, lediglich ein „Zeichen" entwirft, jedoch keine „Figur" bilden kann. Mit einer kleinen erläuternden Skizze, in der er die charakteristischen Gesichtszüge seiner Frau Vibeke umreißt, hat Kirkeby diese bildnerische Methode illustriert: „Da hast Du sie, und das ist ja keine Figur. Es ist allerhöchstens ein Gesicht, und es ist in erster Linie ein Zeichen. Dann aber fing ich an, diesen … kräftigen, sinnlichen Oberam links vor das Gesicht zu legen. Nun hast Du die Figur." (P. K., Gespräche, a. a.O., 1998, S. 94)

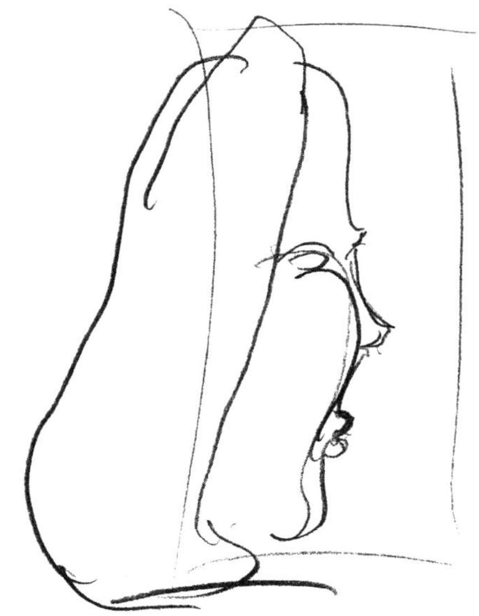

Per Kirkeby, in: Gespräche, S. 94

Die Übertragung der Figur in bildnerische Metaphern begreift Kirkeby als die wesentliche inhaltliche Absicht seiner künstlerischen Arbeit. „[Sie] verfolgen mich immerzu, weil ich an etwas festhalte, das schon seit Beginn der 60er Jahre wichtig war: daß Kunst von etwas handelt, das Inhalt sein muß. […] Figur ist also gleich dem, was ich Idee genannt habe, um zu vermeiden, Inhalt oder dergleichen zu sagen." (Ebd. S. 94)

Die abbildlichen Elemente am *Kleinen Kopf mit Arm* sind demnach eingeschrieben in ein autonomes Formereignis, das aus dem gründlich durchgearbeiteten Material entsteht. Das aufgetragene Material wird auf der Oberfläche verfugt, deren gleichförmige Struktur durch die dunkle Patina, die Kirkeby für seine Bronzen bevorzugt, hervorgehoben wird. Die unmittelbare Verknüpfung von bildnerischer Idee und handwerklichem Prozeß wird nicht zuletzt dadurch verstärkt, daß die simple hölzerne Basis, aus der die Form erwächst, ebenso als integraler Bestandteil der Skulptur behandelt wird wie die sichtbar belassenen Armierungen der plastischen Unterkonstruktion.

Der Aufbau der plastischen Form aus einer mehr oder minder bestimmten körperlichen Vorgabe vollzieht sich dabei mit Bedacht. „Die Grundlage war eine Anekdote, die zusammengebrochen ist. Die Ausführung einer Figur = Idee ist zusammengebrochen, und dadurch kam ihr nicht-sprachlicher Charakter zum Vorschein." (Ebd. S. 96) Diese

Vorgehensweise bleibt in ihrem Verlauf durchschaubar und vermittelt insofern die haptische Erfahrung, die mit dem bildnerischen Prozeß einhergeht. Damit hebt Kirkeby die äußere Form als Träger der autonomen bildnerischen Vorstellung bzw. des sie vermittelnden formbildenden Prozesses hervor. Die erzählerische Vorgabe ist für Kirkeby notwendiger Anlaß des bildnerischen Prozesses, der die Form hervorbringt. Diese ist demzufolge nur bedingt als Ergebnis der Abstraktion eines Gegenstandes zu verstehen. Sie ist beschreibend, insofern sie einen assoziativen Raum öffnet, in dem das körperliche Fragment als Metapher steht.

Diese, in *Der kleine Kopf mit Arm* angelegte, klare Ausrichtung seines bildnerischen Konzepts wird von Kirkeby in den unmittelbar folgenden Arbeiten weiter festgeschrieben.

In zwei ebenfalls kleinformatigen Skulpturen setzt sich Kirkeby zunächst mit dem Thema des Tores auseinander. Dabei trifft er eine formale Unterscheidung zwischen dem *Tor* und dem *Modell: Tor*. Die plastische Form isoliert jeweils ihren Gegenstand. In der Anschauung zeigt sich diese Differenzierung als Variation einer einfachen gegenständlichen Vorstellung, die organisch und konstruktiv interpretiert wird.

Die in sich verdrehte Form von *Modell: Tor* umschreibt eine ovaloide Öffnung. Sie bildet eine Art sich ungleichmäßig verdickenden und verdünnenden Bogen, dessen ursprünglich materielle Gestalt umgeformt wurde. Demgegenüber entwirft *Tor* eine tektonische Struktur, wobei die sichtbar hervortretenden Armierungen eine Unvollständigkeit nahelegen, die durch die Wahrnehmung einer anschaulich richtigen Gestalt aufgehoben wird.

Während *Tor* also den fest gefügten Aufbau eines architektonischen Fragments bezeichnet, bildet *Modell: Tor* eine gewachsene höhlenartige Struktur nach. Die wiederum grob-kräftige Modellierung weist hier eine Vielgestaltigkeit auf, welche die jeweilige Erscheinung unterstützt. Dabei werden die natürliche Formbildung und das tektonische Formgerüst in analoger Weise gestaltet. Kirkebys neutralisierende Haltung in Bezug auf Prozeß und Konstruktion der plastischen Form wird an seinem mehrdeutigen Modell-Begriff ablesbar, der hier – im Gegensatz zum Werkkomplex der Modelle – nicht entwerfend, sondern bildhaft ausgerichtet ist. Das heißt, die *Modell:...*-Plastiken skizzieren keinen maßstäblichen Entwurf, sondern die Beschreibung einer bildnerischen Figur.

In *Modell: Zwei Arme I–III* wendet sich Kirkeby ausdrücklicher als zuvor dem Torso bzw. dem Körperfragment zu, die in der Weiterentwicklung das formale Thema und den inhaltlichen Schwerpunkt seiner Bronzen bilden. Es handelt sich um drei Variationen eines Sujets, das die hinter bzw. über dem Kopf verschränkten Arme thematisiert. In der Abfolge der Skulpturen zeigt sich eine Klärung der Formstruktur, der eine Mäßigung der Modellierung entspricht. Gleichzeitig dokumentiert die Entwicklung von *Modell: Zwei Arme* die unterschiedlichen Zustände, die von einer analytischen zu einer synthetischen Auffassung des Körperlichen führen. Die plastischen Formen erwachsen in den drei Varianten in jeweils strukturell-unterschiedlicher Weise wiederum aus einer klar konturierten Plinthe als statischer Basis. In der ersten Ausführung erscheint die Skulptur zunächst als Verknüpfung amorpher Versatzstücke. Eine das materiell verdichtete Zentrum übergreifende Beuge und ein schräg aufragender Stumpf bilden die beherrschenden Elemente der torsoartigen Struktur. In der Art ihrer Formung verweisen sie auf das zuvor beschriebene *Modell: Tor*, dessen „gewachsene" Struktur hier aufgebrochen ist. Das figurative Vorbild wird demnach radikal zergliedert. Die rabiate Behandlung des Materials schlägt sich in vielfachen Rissen und Brüchen nieder, von denen die Formen durchsetzt sind. Dieser Eindruck einer Zergliederung der Figur nimmt Kirkeby in der zweiten Version zurück. Die Gliederung der Formen und die Modellierung der Oberflächen sind wesentlich einheitlicher. Die Wahrnehmungsmerkmale einer körperlichen Gestalt wirken bei grundsätzlich unverändertem Entwurf zwingender – übergreifende Beuge und aufragender Stumpf verbinden sich mit der zwischen ihnen gelagerten Form zu einer anschaulicheren Einheit. Die Vorstellung eines Torsos wird zudem durch die seitliche Versetzung des bildnerischen Kerns der Skulptur unterstützt, die der Figuration einen Eigenraum zuerkennt. Diesen hebt Kirkeby in der dritten Variation des Themas als formimmanenten Bestandteil der Skulptur wieder auf. Die plastische Form ist eindeutig geklärt zugunsten der Abbildlichkeit eines synthetischen Körper-Fragments, das als Schulterpartie mit Hals- und Oberarmansätzen identifizierbar ist. Die Formstruktur greift räumlich über die statische Funktion der Plinthe hinaus, wobei das Bild der ausgestreckten Arme ein weites Feld von Deutungsansätzen öffnet.

Zusammenfassend entfaltet diese Werkgruppe wesentliche bildnerische Ansätze von Kirkebys Bronzen jenseits einer Determinierung durch vorgeprägte Begriffe von Abstraktion und Autonomie.

V.

Das in *Der kleine Kopf mit Arm* eingeführte Motiv wird nun zum vorrangigen Gegenstand in Kirkebys bildnerischer Auseinandersetzung mit figurativen Vorgaben, die in eine plastische Struktur übertragen werden.

Die Folge der *Kopf mit/und Arm*-Plastiken bildet die umfassendste Werkgruppe unter Kirkebys Bronzeplastiken. Als solche ist sie mehr als nur eine Serie von Variationen ein und desselben Themas. Vielmehr entwickelt Kirkeby mit ihr ein weitgreifendes Spektrum unterschiedlicher Figurationen, die den Torso als eigenwillige Verschmelzung einzelner Glieder interpretieren.

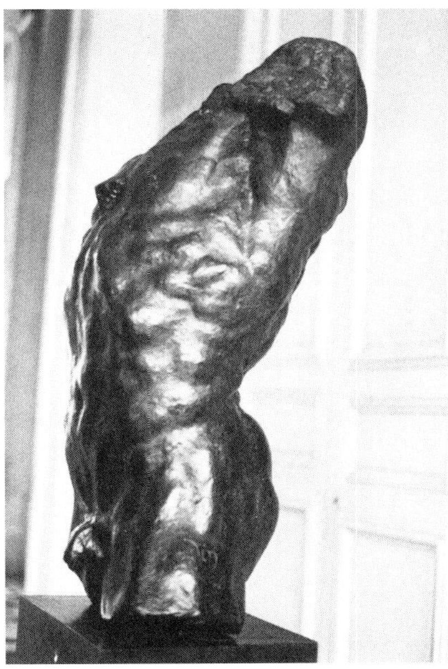

Auguste Rodin, Männlicher Torso

Der Torso wurde erst durch Rodin zu einem eigenständigen Genre der Bildhauerei des 20. Jahrhunderts. Dabei lassen sich unterschiedliche Lesarten des fragmentierten Körpers feststellen. Zunächst in der Darstellung des versehrten Körpers, bei der die fehlenden Glieder als Deformation empfunden werden. In anschaulicher Umkehrung erscheint die Ästhetisierung von Körperteilen als sinnbildliche Darstellung einer natürlichen Ganzheit. Eine dritte, empirische Erscheinungsform betrifft die Gestaltung des menschlich Körperhaften in Analogie zu vegetativen oder mineralischen Prozessen. Die plastische Form vom körperlichen Vorbild zu abstrahieren und in ein Sinnbild des Anonymen zu übertragen, war ein wesentliches Bestreben der Moderne. Darin beschreibt der Torso einen Zustand, der das Psychisch-Geistige in der Kunst in einem Körperbild ausdrückt.

An diese Vorstellungen anknüpfend zeichnet Kirkebys *Kopf mit Arm* eine zweideutige Figur, deren anthropomorphe Züge unmittelbar ablesbar sind. Die über einer schmalen Basis aufgebaute Plastik besitzt eine klar umrissene Form und eine bewegte Oberfläche, welche die beabsichtigte Anmutung eines körperlichen Fragments bestätigt. Diese äußere Geschlossenheit wird durch einen Eingriff zerstört, der die Figur in ihrem mittleren Bereich aufreißt. Diese klaffende Öffnung trennt zwei Randbereiche, wobei ein sich deutlich abzeichnendes Profil einer wenig ausgeprägten Kante gegenübersteht.

Die Plastik offenbart ihren bildnerischen Prozeß durch die Oberflächenstruktur. Kirkeby baut zunächst das Volumen auf, das von einer Bildidee, mit der sich eine figürliche Vorstellung verbindet, veranlaßt wird. Diese Form wird von der Basis ausgehend aufwärts gebildet. Gleichzeitig wird das Material an der Oberfläche in gegenläufigen

Bewegungen, materiellen Brüchen, Abtragungen und Ergänzungen, facettenreich modelliert. Dabei sind die Bearbeitungsspuren der Hände, Finger sowie durch Spachtel, Schlinge und andere Werkzeuge in der groben und/oder feingliedrig gegerbten äußeren Materialschicht ablesbar. Dieses sorgsam errichtete Gebilde wird dann aufgebrochen. Es erscheint dadurch aus der physischen Erstarrung gelöst und in erneute Bewegung versetzt. Das Eindringen eines weiteren Bildmotivs bewirkt somit die Veränderung bzw. Erweiterung der ursprünglichen Idee in die Bild-Figur. Diese Vorgehensweise ist in den *Kopf mit Arm*-Plastiken nachvollziehbar und macht als bildnerischer Prozeß einen der besonderen Reize von Kirkebys Bronzen aus.

In *Der große Kopf mit Arm* hat Kirkeby unter Rückgriff auf die zuvor entstandene kleinere Arbeit zweifellos die Erfahrungen der zwischenzeitlich erarbeiteten Folge der *Arm und Kopf*-Plastiken in einem erheblich gesteigerten Maßstab verarbeitet. Diese größere Version besitzt einen, dem kleineren *Kopf mit Arm* ähnlichen Aufbau, dessen monumentale Steigerung durch die relativ kleine Basis eines schmalen Kantholzes verstärkt wird. Diese reduzierte Standfläche verleiht der Plastik eine gewisse Instabilität, zumal die körperhafte Struktur weiter ausladend als in der kleineren Arbeit angelegt ist. Der asymmetrische Aufbau mit seiner materiellen Ungleichgewichtung schafft zwei gegeneinander versetzte, figurative Formbereiche. Dadurch wirkt der materielle Einschnitt hier weniger aggressiv. Er erscheint prägnanter in Bezug auf seine teilende Funktion, welche die unterschiedlichen Ansichtsseiten hervorhebt. Obwohl die Erscheinung der Plastik von der jeweiligen Betrachter-Perspektive abhängt, werden die Züge des Profils als zentrales Element erfahren, während die geschwungene Umrißlinie den Eindruck des Gliedmaßes bestärkt. Die plastische Modellierung von *Der große Kopf mit Arm* bewirkt eine Abschattung der Profilseiten, welche die Wahrnehmung der Plastik von der einen wie von anderen Seite bestimmt. „In letzter Instanz ..., [spaltest Du] die Figur und machst den einen Teil zu einem Schatten, es findet also eine Zweiteilung statt." (Ebd. S. 116) Diese Zweiteilung wird jedoch wahrgenommen wie die beiden Seiten einer Medaille, die jeweils eigenständige Ansichten zeigen.

VI.

Mit der umfassenden Folge der *Arm und Kopf*-Plastiken verdrängt Kirkeby die formal-inhaltliche Aufspaltung zugunsten einer Homogenität der körperlich-plastischen Form. Dabei ist zunächst die syntaktische Umkehrung im Titel auffällig, die eine formale und inhaltliche Unterscheidung nahelegt. Dem widersprechen jedoch die heterogenen plastischen Strukturen. Eine semantische Differenzierung würde dazu verführen, Realismen zu verfolgen, die von der tatsächlichen Gestalt ablenken. Im Grunde sind sie dem *Kopf mit Arm* nahe verwandt.

Von den *Arm und Kopf*-Plastiken sind *I* bis *VII* durch aufragende Formen gekennzeichnet, die allgemein als stumpfartige Figuren beschrieben werden können, und *VIII* bis *X* durch organisch-unförmig anmutende Gebilde, welche die erzählerische Figur des Gliedmaßes in einer mehr oder minder amorphen Struktur auflösen.

Ihre eigentümliche Wirkung rührt wie bei den zuvor beschriebenen Arbeiten aus der spannungsvollen Verbindung von erzählerischem Kern und bildnerischem Prozeß, deren Unvorhersehbarkeit durch die verschiedenen Formstrukturen demonstriert wird. Dabei dominiert eindeutig die materielle Durchdringung der Teile zu einem mehr oder minder homogenen Fragment. Von einer additiven Zuordnung verwandter Teile ist nur bei *Arm und Kopf VI* zu sprechen, während in *III* das Spaltungsmotiv wieder aufgenommen ist. Grundsätzlich bleibt festzustellen, daß der erzählerische Anteil dieser aufragenden Plastiken in veränderten morphologischen Strukturen aufgehoben erscheint. Ihre Wahrnehmung verweist auf naturbezogene Erfahrungsbereiche, die organische, vegetative und mineralogische Aufbauformen erschließen.

Die differenziert ausgebildeten stumpfartigen Formen in *Arm und Kopf I–VII*, die das formale Gerüst der Plastiken bilden, stellen die Einheit der Figur in den Vordergrund. Die anekdotischen Verweise der eingeschlossenen Gesichtszüge bzw. -profile erscheinen mit veränderlichen Aufbaustrukturen verschmolzen. *I* und *II* knüpfen dabei an den figurativen Zusammenschluß vereinzelter Fragmente an, wofür der Kopf jeweils die anschauliche Basis der plastischen Form bildet, an den sich die aufragende Armbeuge anlehnt. Beide Plastiken unterscheiden sich jedoch in ihrer Oberflächenstruktur. Während *I* eine kleinteiliger geglättete Modellierung aufweist, erscheint *II* in einem roheren Zustand, der die Einzelheiten grob herausarbeitet und die aufgeworfene Oberfläche unmittelbarer wirken läßt. Demgegenüber bestärken *IV–VII* die strukturelle Homogenität, die auch für die weiteren, unförmig-gedrungenen Plastiken kennzeichnend ist. Dabei zeigt *IV* eine sich nach oben stark verjüngende Form, die den vertikalen Impuls des bildnerischen Prozesses deutlich anzeigt. In der wie ein Stalagmit angewachsenen Figur erscheint das Gesichtsprofil als ein kristalliner Einschluß, in dem ein „anderes" Element bewahrt ist. *III* und *VI* interpretieren in unterschiedlicher Weise das Spaltungsmotiv, ebenfalls unter den Bedingungen einer synthetischen Figur, deren Oberflächen nunmehr die geglättete, abgerundete Modellierung einer gegerbten Haut besitzen. In *III* wirkt die Spaltung als eine dem materiellen Körper zugefügte Wunde, deren Profil- und Schattenseite die dialektische Gestalt der Plastik illustrieren. In einer spezifischen Ausprägung zeigt sich diese synthetische Auffassung der plastischen Form bei der „Zwillingsfigur" von *Arm und Kopf VI*. Über einen kleinen Holzblock hat Kirkeby zwei nahezu gleich gebildete Glieder modelliert. In eines sind Gesichtszüge eingearbeitet, wodurch eine anschauliche motivische Unterscheidung vorgenommen wird. Gleichwohl sind beide Teile miteinander auf der abgewandten Seite zu einer Figur verwachsen. Diese eigentümliche Stuktur schafft eine Vieldeutigkeit der anschaulichen Erfahrungen. Diese betreffen verschiedene Daseinsbereiche der äußeren Wirklichkeit, die vegetative Wachstumsprozesse ebenso aufrufen wie die Amputation der unversehrten Körperlichkeit.

Auguste Rodin, Höllentor, 1880–1917

Vergleichbare Unterscheidungsmerkmale wie in den *Arm und Kopf*-Plastiken kennzeichnen auch die *Læsø-Köpfe,* deren Titel auf die dänische Insel verweist, auf die sich Kirkeby stets für einen Teil des Jahres zurückzieht. In diesen Plastiken sind – mit Ausnahme von *III*, welches die Zwillingsform von *Arm und Kopf VI* aufgreift – die anekdotischen Momente zurückgenommen. Demgegenüber wird ein verstärktes Eindringen des Umraumes in das plastische Volumen sichtbar, das sich in *Zwei Arme* fortsetzt. Diese komplexeren räumlichen Strukturen bedeuten über ein formales Merkmal hinaus eine Weiterentwicklung zum Monumentalen. *Zwei Arme I* und *II* besitzen eine raumgreifende Gestalt, die ein unterschiedliches Körper-Raum-Verhältnis zum Ausdruck bringt. *I* läßt an körperliche Deformation denken, mit drei emporgreifenden Auswüchsen, die sich in einer umschließenden Geste verbinden. Demgegenüber objektiviert *II* den von ihr beschriebenen Gestus. Sie bildet eine wie auch immer zu deutende Haltung aus der modellierten Masse, die den wie von verschränkten Armen umschlossenen Hohlraum als Positivform materialisiert. Mit dieser verstärkten Aufspaltung des Formvolumens, durch die der Raum zunehmend eindringt, bereitet Kirkeby die vergleichende Behandlung körperlicher und tektonischer Strukturen in seinen monumentalen Plastiken vor.

VII.

Die vielgestaltigen Ausformungen der *Arm und Kopf*-Plastiken und der *Læsø-Köpfe* vermitteln Kirkebys eindringliche Auseinandersetzung mit einem Körperbild, das die Selbsterfahrung aus dem Verhältnis zur sichtbaren Wirklichkeit entwickelt, in der Gewißheit, daß das objektive Wesen der Dinge unserem Zugriff entzogen ist und wir auf die Wahrnehmung der äußeren Erscheinung angewiesen bleiben. Diese körperliche Aneignung der Wirklichkeit, die für uns immer nur Phänomen sein kann, ist für Kirkeby deshalb fragmentarisch.

Auguste Rodin, Balzac, 1891–1897

Die Favorisierung des Fragments als metaphorischer Verkörperung einer Ganzheit verweist auf Kirkebys Auseinandersetzung mit Rodin, die er in einem programmatischen Essay eindringlich dargestellt hat. Darin beschreibt Kirkeby die Wesensverwandtschaft, die Rodins *Höllentor* und *Balzac* mit seiner eigenen Vorstellung verbindet, und die er an der zentralen Bedeutung von dessen Begriff der „Übertreibung der Form" festmacht. In ihm erkennt Kirkeby die begriffliche Konzentration der wesentlichen strukturellen Ansätze, die Rodin in seinen Werken zum Ausdruck bringt: die komplexe Durchdringung von Raum und Körper, Körper und Oberfläche, Oberfläche und Form sowie von Form und Fragment. „Ein Arm oder ein Bein oder ein anderes Glied wird zu einem ganzen Körper. Größeres zu denken durch ‚Fragmente'. Rodins Radikalisierung des Torsos." Und weiter: „Zerstückelte Gliedmaßen, die sich in ihrem Abgeschnitten-Sein plötzlich auf eine synthetische Kraftanstrengng konzentrieren: ein Arm wird zu einer ganzen Figur."(P. K., Rodin – La Porte de l'Enfer, Bern – Berlin, 1984, S. 12 u. 17)

Am *Balzac* beeindruckte Kirkeby die Flachheit der plastischen Form, der er eine gewisse Vorbildfunktion für Matisses monumentale *Rückenakt*-Reliefs zuschrieb. „Eigentlich ist er eher eine Art Zylinder, doch wirkt er flach. Wie eine große, schräggestellte Platte. Ein in den Raum hinausgestelltes Relief." (Ebd. S. 11)

Die innovativen Ansätze von Rodins *Balzac* (1891–1897) erwachsen aus seiner Abkehr von der abbildenden Funktion des Denkmals. Die plastische Form repräsentiert nicht die anatomischen Eigenarten des Dichters, sondern versucht, das Wesen seiner Persönlichkeit zu erfassen. Indem er die überflüssigen Details auflöst und abstrakte Merkmale hervorhebt, schafft Rodin die Basis eines neuartigen Denkmaltyps. Der Bildhauer verkörpert den Dichter in einer ausdruckstarken Erscheinung. Balzacs Körper ist in einen Mantel gehüllt, unter dem auch die Arme verborgen sind. Der Faltenwurf beschreibt eine schwungvolle Bewegung, die sich auf die gesamte Figur überträgt. Dieser Schwung, der die vitale Energie des Dargestellten speichert, ist auch in der gedehnten Streckung der flachen, kaum gegliederten Rückenansicht aufgenommen. Der hohe Abstraktionsgrad steigert die monolithische Wirkung der Figur und betont den eigenständigen Charakter des Bildwerks. Darin deckt sich die Absicht Rodins, den Dargestellten nicht abzubilden, sondern zum Ausdruck zu bringen, mit der Überzeugung Balzacs, der in *Das unbekannte Kunstwerk* schrieb: „Die Aufgabe der Kunst ist nicht, die Natur zu kopieren, sondern sie auszudrücken. [...] Versuche die Hand deiner Geliebten als Maske abzunehmen und lege sie vor dich hin, du wirst nur ein grausiges Stück Anatomie ohne Ähnlichkeit vor dir sehen und gezwungen sein, den Meißel des Mannes zu suchen, der dir, ohne sie genau nachzubilden, dennoch ihre Bewegung und ihr organisches Leben leibhaft vor Augen führt."

Die Faszination, die Rodins *Balzac* auf Kirkeby ausübt, bezieht sich vor allem auf die Entwicklung der plastischen Form aus einer bildlichen Vorstellung. Dabei interessieren Kirkeby besonders die innere Bewegung und räumliche Spannung des Körpers. Dieses Interesse schlägt sich in einer Arbeit mit dem Titel *Figur* (1983) unmittelbar nieder, die in frappierender Deutlichkeit das Vorbild des *Balzac* aufruft. Die freistehende Plastik besitzt zudem eine Sonderstellung unter Kirkebys Bronzen, da sie die einzige ist, die kein Fragment, sondern eine vollständige Standfigur darstellt. Kirkeby entwirft darin eine etwas überlebensgroße Gestalt, die den Eindruck einer menschlichen Figur vermittelt. Sie besitzt einen geschlossenen Umriß und eine gleichmäßig unruhige Oberflächenstruktur. Anatomische Einzelheiten sind vollständig getilgt, lediglich die obere höckerartige Abstufung liefert eine Andeutung von Kopf und Schulter. Kirkebys *Figur* entwirft ebenfalls die Vorstellung eines verhüllten Körpers, der wie eine Silhouette erscheint. Die leichte Neigung suggeriert eine Unterscheidung von Vorder- und Rückseite, ohne daß die *Figur* darauf festgelegt werden könnte. Die jeweilige Ansicht wird zwar durch die raumgreifende Bewegung bestimmt, doch wie immer man sich ihr nähert, sie erscheint stets vom Betrachter abgewandt. Es hat beinahe den Anschein, als habe Kirkeby die Rückenansicht von Rodins *Balzac* zu einer selbständigen *Figur* verarbeitet, deren Flachheit einen reliefartigen Eindruck erzeugt.

Per Kirkeby, Figur, 1983

Die Vorstellung des frei im Raum stehenden Reliefs war für Kirkeby eine entscheidende Erkenntnis, die sein Selbstverständnis als Maler, dem sein plastisches Œuvre stets verpflichtet ist, bestätigte und herausforderte. Das Ergebnis dieser Herausforderung wird in seiner gesamten Tragweite an der Entwicklung der großen Bronzen zum Thema Torso und Tor ablesbar.

Henri Matisse, Rückenakt I, 1909

VIII.

Die monumentalen *Torso I* und *II* besitzen die gleiche asymmetrische Struktur. Ihre kompakte Form enthält eine vertikale Gliederung, deren oberer Bereich durch einen geraden Abschluß klar begrenzt wird. Die unterschiedliche Behandlung der beiden Seiten und ihre geringe Tiefe verleihen den Skulpturen einen Reliefcharakter.

Die plastische Ausformung der Frontseite drängt anschaulich-körperliche Bezüge auf, die sich allerdings dem wiedererkennenden Zugriff entziehen. Sie erscheinen einmal mehr als das Resultat einer emotionalen Seherfahrung. Die vertikale Gliederung in drei Stränge oder Wülste läßt sich mit der Vorstellung verschiedener Körperpartien bzw. -abschnitte verbinden. Ob ein Unterkörper oder eine muskulöse Schulterpartie assoziiert werden, wird letztlich von der „intentionalen" Wahrnehmung gelenkt, der nach phänomenologischem Verständnis das Bewußtsein des Betrachters von einem Gegenstand unterliegt. Demgegenüber weist die gleichförmig-ungegliederte, leicht konkave Rückseite die plastische Form als eine flach gewölbte Bildfigur aus. In dieser Hinsicht ist die Modellierung greifbarer Ausdruck eines bildnerischen Denkens, das die Plastik als Bildwerk in eine ambivalente Beziehung zum wirklichen Raum, in den sie plaziert ist, versetzt.

Die Art, in der sich ihre Bildfigur aus der freien Behandlung von plastischer Form und körperlichen Strukturen entwickelt, verweisen Kirkebys *Torso I* und *II* auf die *Rückenakt*-Reliefs von Henri Matisse, deren vier Variationen dieser zwischen 1909 und 1930 geschaffen hat. Die Reliefs überbrücken einen langen Zeitraum, in dem sich die Auffassung des Sujets parallel zum Gesamtwerk stufenweise weiterentwickelt hat. Dieser Prozeß entfernt die Bildfigur zunehmend vom Bildvorwurf eines weiblichen Körpers. Die Komposition von *Rückenakt I* (1909) ist an der vertikalen Wirbelsäule ausgerichtet. Sie dient als Achse für die starke Torsion des Körpers, dessen muskuläre

Stränge und Wölbungen beinahe übertrieben werden. In den folgenden Versionen reduziert Matisse in regelmäßigen Schritten die anatomischen Details und verhärtet die Formen. In *II* (1913) fügen sich die einzelnen Körperteile zu einer kubistisch vereinfachten, aber immer noch anschaulichen Figur zusammen. Version *III* (1916/17) hingegen zerlegt diese in plastisch autonome Fragmente, die erst in der Zusammenschau einen Körper vergegenwärtigen. Dabei gewinnt der zuvor angedeutete Haarstrang eine ausgeprägte materielle Gestalt. Diese formale Mittelsenkrechte bildet nun das Rückgrat der Figur, das die beiden Körperhälften in einer radikalen Zäsur spaltet. Dadurch wird ein räumlicher Zusammenhalt der Figur mit dem Reliefgrund wesentlich verstärkt. In der abschließenden Fassung (1930) fängt Matisse die Aufspaltung in einer noch stärker vereinfachten Figur auf, deren symmetrische Struktur und statuarische Gestalt den homogenen Körper gegen einen bildräumlichen Reliefgrund abgrenzen.

Henri Matisse, Rückenakt IV, 1930

Diese grob skizzierte Entwicklungslinie der *Rückenakte* soll dazu dienen, grundsätzliche Vergleichsmomente zu Kirkebys bildnerischer Konzeption aufzuzeigen. Matisse schrieb, daß es ihm bei seiner Beschäftigung mit Plastiken „darum ging, in meiner Malerei gedanklich Ordnung zu schaffen“. In dieser Funktion als ein eigenständiges formales Gegengewicht, interessierte ihn an der plastischen Form „nur die allgemeine architektonische Gliederung [...], die erklärende Einzelheiten durch eine lebendige suggestive Synthese ersetzt“. (Zitiert nach: Henri Matisse, Das goldene Zeitalter, Kat. Kunsthalle Bielefeld 1981, S. 300f.)

Diese „suggestive Synthese“ entspricht letztlich Kirkebys metaphorischer Figur, die aus dem „Zusammenbruch der anekdotischen Idee“ gewonnen wird. Im Gegensatz zu Matisses stufenweiser Vereinfachung vom anschaulichen Vorbild ist die innere Bewegtheit, die sich in den tiefen Narben und Verwerfungen der Oberfläche von Kirkebys *Torso I* und *II* zeigt, jedoch nicht das Ergebnis einer Abstraktion. Die plastische Form erwächst vielmehr aus der gedanklichen Durchdringung des bildnerischen Prozesses. In diesem Sinne entwirft Kirkeby in den *Torsi* die radikale Ansicht eines Körpers, nicht als organisches Ganzes, sondern als Fragment, das jedoch die Metapher einer Ganzheitsvorstellung anklingen läßt.

IX.

Das Tor als Darstellungsgegenstand einer Plastik vergegenwärtigt – wie der *Torso* – ein Fragment, insofern es durch seine Isolation als architektonisches Element ohne Funktion erscheint.

Kirkebys *Tor I* und *II* weisen im Vergleich miteinander ebenfalls sehr verwandte Strukturen auf, die allerdings unterschiedliche Lesarten anregen. Während die Modellierung von *Tor II* durch einen materiellen Verschluß gekennzeichnet ist, welche die tektonische Gestalt hervorhebt, stellt *Tor I* eine materielle Verdichtung vor, in die ein tiefer Spalt eindringt, der eine körperliche Verletzung andeutet. Dadurch vermittelt sich das zweideutige Wesen der thematischen Vorgabe, welche die Öffnung und den Verschluß als zwei sich ausschließende Zustände aufruft. Die ungleiche Modellierung der Vorder- und Rückseite ist hier deshalb nicht nur – wie bei den *Torsi* – Funktion des Reliefcharakters, sie ist vielmehr inhaltliches Merkmal der bildnerischen Metapher. Somit wird die Anschauung der Plastik als Bildwerk, welche die Betrachterperspektive frontal auf die Vorderseite festschreibt, entschieden verstärkt.

Mit der *o.T. (Herakles)* (1991/92) benannten Plastik steigert Kirkeby die induktive Auffassung der plastischen Form, die dem Betrachter wie eine Wand gegenübersteht, in monumentale Dimensionen. Gleichzeitig schafft er damit die Synthese zwischen dem Torso als körperlichem Fragment und dem Tor als architektonischem Element.

Zunächst knüpfen die gleichförmigen Abstufungen unmittelbar an den Aufbau der *Torsi* an. Doch sind diese hier zu einer symmetrischen Figur gesteigert, die der äußeren Kontur der flachen Form eine Anmutung von Körperlichkeit verleiht. Die Modellierung der Bronze nimmt die Symmetrie des Umrisses allerdings nur bedingt auf. Die unförmigen Eingriffe und Erhabenheiten geben der Fläche ein asymmetrisches Relief, aus dem wieder die muskulären Wölbungen von Körpern bzw. Körperpartien herausgelesen werden können. Die sehr lebendige Oberflächengestalt und die ungeheuren Dimensionen der Plastik suggerieren dementsprechend figurative Bewegungen, die aus der materiellen Struktur herauszutreten scheinen.

Damit provoziert Kirkeby erneut die Rückwendung auf Rodins *Höllentor* und Matisses *Rückenakte*, einerseits in Bezug auf die filigranen Fragmentierungen und andererseits in Bezug auf die tektonische Strukturbildung aus der Fläche heraus.

X.

Eine geschlossene Gruppe von fünf kleinformatigen Plastiken öffnet den Blick für eine andere Facette in Kirkebys Werk. Es handelt sich dabei um Köpfe, die ein intimeres Wesen offenbaren, wie dies bereits im Titel *Kopf zu Hause* angesprochen wird. Der in diesen Werken vergegenwärtigte bildnerische Prozeß und seine materielle Struktur bestätigen das bildhaft-offene Verhältnis von Gegenstand und Figur in Kirkebys plastischem Konzept. Die Variationen von *Kopf zu Hause* (1991/92) besitzen dementsprechend unterschiedliche Formstrukturen, die eine jeweils andere Wahrnehmungsperspektive suggerieren.

Die Formen weisen zunächst auf *Der kleine Kopf mit Arm* zurück, dessen rohe Modellierung hier in einen ausdrucksstärkeren und materialkonformeren Duktus übertragen ist. Dadurch erfahren sie eine artikuliertere Gestalt, deren Vorgehensweise von Kirkeby bereits in *Kopf und Arm I* sowie *Kopf ohne Arm II* (beide 1985) eingeführt war, welche – eng aufeinander bezogen – die Aufgabe der synthetischen Verbindung zweier Glieder als strukturelle Voraussetzung der Bildfigur thematisieren. Dieser Vorgang ruft die bereits beschriebene Skizze in Erinnerung, anhand derer Kirkeby die Unterscheidung der Abstraktion individueller Züge zum „Zeichen" und deren Ergänzung zur „Figur" beschrieben hat (vgl. S. 18). Vor diesem Hintergund bedeutet die Darstellung des singulären Kopfes – ohne die figurative Erweiterung durch ein anderes Körperglied – eine veränderte Auffassung der fragmentarischen Bildfigur, die zuvor auf der sinnbildlichen Vorstellung körperlicher Ganzheit und Unversehrtheit beruhte. Indem der Kopf als vereinzelte Bildfigur eingesetzt wird, ergibt sich eine größere Übereinstimmung von Darstellungsgegenstand und plastischer Form, welche erneut die Frage nach deren Beziehung zum räumlichen Kontext aufwirft. Das heißt, die Gestalt eines Kopfes suggeriert eine vollplastische Erscheinung. Tatsächlich sind die Figuren jedoch auf eine bestimmte Ansicht festgelegt, die durch Abflachung der Kopfform jeweils hervorgehoben wird. Besonders bei *I* und *IV* wird durch die glatte Rückseite der Reliefcharakter der Plastiken ausgewiesen und durch ihre bildräumliche Struktur bestätigt.

Kopf zu Hause I ist auf ein Halbprofil angelegt. Die kräftige Modellierung bildet die Gesichtszüge aus dem materiellen Volumen. Dementsprechend werden das linke Auge unter einer zarten Braue sowie die Nase deutlich akzentuiert, während der Mund in einer groben Geste eingefügt ist. Die abgewandte Seite des Gesichts erscheint demgegenüber als eine Schattenform, vor der sich das Profil abhebt. Während die wesentlich roher modellierten Formen von *III* und *V* in vergleichbarer Weise aufgebaut und struk-

Alberto Giacometti, Großer Kopf Diego, 1954

turiert sind, erfährt *Kopf zu Hause IV* durch seine Schrägstellung einen räumlichen Impuls, der ihn in eine dynamische Beziehung zur unmittelbaren Umgebung setzt. Diese unterschiedlichen Beziehungen der Plastiken zum Raum sind letztlich – wie bei den großen *Torsi* – einfach zu erfassen, da die Perspektive des Betrachters auf einen Standort bezogen ist, der ein Davor und Dahinter regelt und damit die Plastik räumlich verortet.

Eine prägnante und in gewisser Weise vom bisher Festgestellten abweichende Form besitzt *Kopf zu Hause II*, der beidseitig modelliert ist. Seine plastische Form ist auf das Gesichtsprofil ausgerichtet, dessen Linie von der Stirn über die Nase und das Kinn beinahe bizarr hervortritt. Auch Wangen und Augenhöhlen sind akzentuiert. Das Volumen der Profilform ist stark verschmälert, wodurch die Vorder- bzw. Rückansicht des Kopfes relativ konturlos erscheint. Damit ist ein anschauliches Merkmal angesprochen, das den Vergleich mit Alberto Giacomettis Köpfen und Büsten anregt.

Giacomettis Anspruch an die plastische Kunst war außerordentlich und gipfelte – um eine Formulierung von Max Imdahl aufzugreifen – in der Frage: „Wie kann man aus Material einen Menschen bilden, ohne ihn in Material erstarren zu lassen?“ (Max Imdahl, Norbert Kunisch; Plastik – Antike und moderne Kunst der Sammlung Dierichs in der Ruhruniversität Bochum, Bonn 1979, S. 118) Diese Fragestellung leitete Imdahl aus einer Äußerung Giacomettis ab, in der dieser hervorhob, daß es „wichtig ist, ein Objekt neuzuschaffen, das möglichst ein ähnliches Gefühl vermittelt wie beim Anblick des Subjekts“. (Ebd. S. 118)

Aus beiden Bemerkungen ergeben sich Ableitungen, welche die formalen Bedingungen von Kirkebys Bronzeplastiken widerspiegeln und gleichzeitig seine divergierende Interpretation ihrer bildnerischen Gestalt darlegen. Die formale Wesensverwandtschaft äußert sich in einem analogen Verhältnis von Material und Prozeß, insofern die greifbare Oberflächenstruktur mit ihren Verwerfungen, Brüchen, Falten, Kerben, Fugen, etc. keine körperliche Deformation oder Versehrtheit darstellt, sondern eine Ganzheitsvorstellung entwirft.

Wesentliche Unterscheidungen ergeben sich hingegen aus der Beziehung von Vorbild und Gestalt. Kirkebys *Kopf zu Hause* steht, anders als z. B. *Arm und Kopf*, aufgrund seiner unvermittelten Figur in einem direkteren Verhältnis zu einer bildnerischen Vorgabe, ohne jedoch individuelle Erkennungszeichen anzuzeigen. Das Formereignis entsteht nicht aus einer Zusammensetzung mehrerer Glieder. Die Darstellung einer Einzelform verringert die anschauliche Distanz der Form und rückt die Plastiken in eine größere räumliche Nähe zum Betrachter. Die Handgreiflichkeit, mit der die äußere Form aufgebaut und ihre Wesenszüge herausgearbeitet werden, verleiht den Köpfen zudem einen vitalen Ausdruck, der auf ein ursprüngliches Vorbild zurückweist. Die Formbarkeit des Materials und die Festigkeit des modellierenden Zugriffs wirken hier als eine Funktion der Wahrnehmung, die durch ein beständiges Hervortreten und Sich-Entziehen der plastischen Form bestimmt wird. Den fünf Plastiken ist somit ein jeweils individuell-verstärkter Ausdruck eigen, der weniger von den erkennbar eingeschriebenen Gesichtszügen ausgeht, als vielmehr durch die ausgeprägte plastische Vermittlung von Material und Form, Prozeß und Figur gebildet wird.

Giacometti strebt eine unmittelbare Erfassung des Menschen als lebendiges Wesen an, dessen Darstellung permanente Bewegung und Veränderung wiedergibt. Seine Absicht ist es, die den jeweiligen zeitlichen und räumlichen Bedingungen unterworfene Erscheinung des Menschen zu bannen. Giacometti bestreitet mit dem bildnerischen Prozeß die Körperlichkeit des Gegenstandes. Statt dessen geht es ihm darum, eine Erscheinungsform „plastisch zu provozieren [...], welche [...] das körperlich Greifbare negiert". (Imdahl, a. a.O., S. 120) Diese Vorgehensweise wird in anschaulicher Weise am Beispiel von *Großer Kopf Diego* (1954) nachvollziehbar. Die Plastik vermittelt die entscheidenden formalen Wesenszüge von Giacomettis Porträtbüsten. Über der Basis seiner Schulterpartie ist der Kopf extrem gestreckt und abgeflacht dargestellt. Die Identitätsmerkmale des Modells sind weitestgehend verschliffen in einer äußerst bewegten Oberflächenstruktur, in der auch die Attribute des Körperlichen aufgehoben sind. Die dem reduzierten Volumen zugefügten Riefen, Falten und Kerben erscheinen hier nicht als Ausdruck körperlichen Verfalls, sondern versinnbildlichen die Bewegtheit des menschlichen Daseins zwischen Entstehen und Vergehen. Giacometti greift dabei auf die Gesetzmäßigkeiten stereometrischen Sehens zurück. Bei einer frontalen Annäherung an die Figur liefert das Auge unterschiedliche Ansichten beider Seiten des Gesichts, die sich zu einem plastischen Gesamtbild zusammenfügen. „Bei diesem Rückgriff auf die Grundlagen des räumlichen Sehens bringt es Giacometti fertig, den Eindruck von vollen Volumen zu vermitteln, ohne daß das entsprechende Volumen tatsächlich vorhanden ist." (Carlo Huber, Alberto Giacometti, Zürich 1970, S. 94) Das heißt, die räumliche Annäherung an die plastische Form verschafft keine deutlichere Anschauung der gegenständlichen Einzelheiten. Jean-Paul Sartre hat für diese Erscheinungsform der Plastiken Giacomettis den Begriff der „absoluten Distanz“ eingeführt, der dessen Bestreben meint, „den Menschen so darzustellen, wie man ihn sieht, [...] aus der Distanz“. (Jean-Paul Sartre, Figuren aus dem Staub des Raums, in: A. G. 1901–1966, Kat. Wien/Edinburgh 1996, S. 363)

Während Giacometti ein phänomenologisches Erfassen des Menschen als Lebewesen verfolgt, erschafft Kirkeby seine Figuren aus der empirischen Aneigung der Lebenswelt. Die anschauliche Verwandtschaft in Bezug auf die materielle Gestalt tritt in eine unterschiedliche Beziehung zum wirklichen Raum, der bei Giacometti als Existenzraum und bei Kirkeby als Erfahrungsraum bestimmt ist. Kirkeby geht es dabei um ein autonomes Formereignis, das auf die Erscheinung des Dargestellten keine Rücksicht nimmt. Letztlich sind seine Bronzeplastiken figurative Reflexionen über die Entstehungs- und Verfallsprozesse in unserer Lebenswelt, die sich unserem Zugriff entziehen. „Meine Hand ist da, das meine ich zu wissen, aber dann ist es auch zu Ende. Ich weiß nicht, was ich berühre. Vielleicht ist es in Wirklichkeit ein Loch, die Masse, etwas Unwirkliches entstanden durch die Hand und die Wirklichkeit.“ (P. K., Stimmungen – Skulptur, in: Handbuch, a. a. O., S. 167)

Die Bronzeplastiken von Per Kirekby entstehen aus der Erfahrung seines Lebensraums, dessen biographischer Bereich anonym bleibt. Die individuelle Gestalt der Menschen und Dinge, denen er begegnet, sind nicht nachzuahmendes Vorbild seiner plastischen Figurationen. Der *Kopf zu Hause* ist kein Porträt, die persönliche Beziehung tritt nicht in Erscheinung. Sie bildet vielmehr einen erzählerischen Rahmen, in den der Betrachter eintreten kann, um dem „biographischen Stoff“ auf eigenen Wegen nachzuspüren.

Ulrich Wilmes

ON THE WAY BETWEEN CONDITIONS THE BRONZE SCULPTURES BY PER KIRKEBY

I.

Per Kirkeby's artistic stance is influenced by his extraordinary awareness of the empirical correlation of visual art and the world in which we live. Looking back on the development of his work in the past thirty-five years, their constants like their variables often appear to take place antagonistically to proven tendencies of art, their radically changing mechanisms of production, presentation and distribution. That does not mean Kirkeby has ignored contemporary tendencies from an individualistically restricted view point, he has rather always dismissed them. His integrative view of things is based on an antenna for his own contemporary disposition in relation to its historical conditions.

Kirkeby developed his approach to artistic practice under very specific prerequisites in a field obviously alien to art that he chose out of scepticism of academic training. This decision exemplifies his distinct self-assurance right from the start. For he was, of course, not yet sure about his concrete intentions, but he saw his training to become a geologist and its fund of exceptional experiences which opened up to him on the expeditions to be a direct way to art. On the one hand, these empirical spaces that he encountered in Greenland and later in Central America influenced Kirkeby's artistic development to quite a decisive extent. On the other hand, the intense preoccupation with Scandinavia's art was a natural part of the way he saw himself and his identity as an artist in which the completely diverging positions of Bertel Thorvaldsen and Asger Jorn flowed, but to which the works of outsiders like Carl Fredrik Hill, Ernst Josephson and the sculptor Hansen Jacobson also contributed. In addition, there was the partially programmatic exploration of historically outstanding personalities like Rodin, Monet, Klee and Schwitters.

In this context, Kirkeby's active share in Copenhagen's legendary art scene of the early 60ies must not be forgotten. Its starting point and center was the Experimental Art School, which Kirkeby joined in 1962 while he was still studying geology. Its establishment was favored by an environment which was prepared not least of all by Addi

Koepcke, whose *Gallery Copenhagen* became a center for Fluxus and Concept Art. Kirkeby grew up so to speak in this artistic environment. It provided him with the essential insights into the artistic practice – above all, into the area of sculpture – that the avant-garde was pursuing. For Kirkeby, this meant a field of experiment for his own work, against the background of which he pursued new contemporary sculptural attempts of his own.

II.

In this context, the investigation of the approaches of Minimal Art and Concept Art was of some importance. Unlike their concept of simple, self-referential objects on the one hand and a dematerialization of the work on the other, the empirical subject matter is of major importance in Kirkeby's understanding of art. The source of the sculptural idea becomes the picture-figure which determines in the literal as well as figurative sense the character of its painterly, three-dimensional forms, that means it characterizes the narrative as well as the structural attributes of his works. At the start of the 80ies, the renaissance of expressive representational painting had reached its peak. And it is obvious that, for Kirkeby, the rediscovery of the narrative, which he had not given up since the early 60ies, had to happen as "one of the great paradoxes of [his] existence," (P. K., Gespräche mit Lars Morell, Cologne 1998, p. 107) without it having been properly taken notice of. Paradoxes of that kind could also have been deliberately brought about, inasmuch as they seem to have their source in Kirkeby's manner of dealing with what happens around him. Hence, when, at this of all times, he shifts the focal point of his work to the exploration of bronzes, this happens on the basis of reflecting of the contemporary development which concealed a certain fear of being roped in, which contradicted his own sensibility to his present situation. His reflections on the development of his own work at the end of the 70ies raised the fundamental questions of recovering references as regards subject matter. His striving for the human figure followed the realization "that not everything [can] only be structure," (ibid., p. 88) without drawing the conclusion that a subjectivist self-adulation can provide subject matter of paramount interest. For Kirkeby, figurative forms were therefore metaphors for the subject matter of a painterly and sculptural structure.

Inasmuch as a pictorial ordering of the malleable forms is recognizable, their appearance is considerably determined by their empirical form which definitively resolves representational references in compact materiality.

This inner restriction in the material evokes a solidification of forms which develops from a sedimentation, that means a material stratification and accumulation. Accordingly, Kirkeby creates his objects of representation from the physical assimilation of the material with which their representational relationships are fused into a pictorial synthesis by way of the sculptural process on the one hand, and/or heightened to a monolithic presence on the other.

III.

By contrast, the so-called models that have constantly preoccupied him from the mid-seventies on are reserved solely for architectural studies of form. Kirkeby uses these small malleable sketches as *bozzetti* for brick sculptures. Hence, the essential criterion for their formal separation from the sculptures is already named. Furthermore, the relatively unspectacular models possess an integrative component, especially in the context of the complete work. They illustrate that Kirkeby's brick sculptures are by no means only derived from fragmentation or as a quotation of architectural structures of form and decor. Rather, apart from their iconographic relationships, they document Kirkeby's view of sculpture as an object in space. Which means that in the models without scale, he develops structures of form which project the three-dimensional relations of proportion, volume and surface from a corporeal approach.

Using of bricks and bronze, Kirkeby pursues two models of procedure for the materialization and structuring of three-dimensional forms which represent the sculptural process in different ways as a syntactic principle. Regarding his brick sculptures, he has always indicated that these architectural structures are integrated in the sculptural process which is penetrated by fundamental aspects of corporeality and spatiality. That means that Kirkeby extracts their three-dimensional form by shaping the corporeal and tectonic figural elements in the models. Kirkeby found a graphic model of the brick sculptures in the architecture of his Danish homeland, the appearance of which is distinguished to a high degree by its material. In an article on the Grundtvigs Church in Copenhagen, Kirkeby writes about the perception of this edifice as a three-dimensional form: "When one stands before the church, one sees a colossal form and, as a matter of fact, no steeple. It is a mighty crystal. An almost organic, living crystal that rises high in steps." (P. K., Rund um die Grundtvigs-Kirche, in: Per Kirkeby, Handbuch – Texte zu Architektur und Kunst, Bern and Berlin 1993, p. 36)

The association of corporeal and tectonic structures expressed in the crystal metaphor relates to the bricks as well as to the bronze sculptures. While the models thus demonstrate a corporeal assimilation of architectural forms, early brick sculptures convey figurative attempts like those Kirkeby created for the exhibition at the Folkwang Museum in Essen in 1977, for example. Furthermore, in these examples it can be read that these connections emerge from the interaction of material and structural characteristics, reversing their conventional viewing.

Describing the perception-conditioned interaction of corporeal and tectonic compositional and figural characteristics, the basic relationship to his walled brick and modeled bronze sculptures is comprehensible. The realization of sculptural conceptions of form under the structural conditions of brick conveys the "anonymity of the art work as dimensions" which denote "the ascertained [quality] of the sculpture." (P. K., Ziegelsteinskulpturen, in: von hier aus, cat. Düsseldorf 1984, p. 182) In this context, anonymity consists of not only the avoidance of an artistic hand and stylistic figural features. Kirkeby's understanding of the term comprises a rather phenomenological perspective which refers to the "structures" moving beneath the outer appearance of reality. Finally, in every "superior art work," according to Kirkeby, this "ascertained quality" surpasses superficial, "petty-minded originality." (Ibid., p. 182)

On this principle differentiation which emphasizes the "anonymous" as a primary quality of form and way of viewing something as compared with the "original," Kirkeby clearly shows that the art work does not draw its original identity from stylistic categories, but from its historical conditionality in which the artist and the viewer have to clarify, each for himself, the relation of subjective experience and reality. Kirkeby's understanding of "classicism" is grounded in this. Classicism bears the characteristic affinity to his sculptures – not as a stylistic aim, but as "biographical material" which is "organized in an endeavor." (P. K., Klassizismus, in: Bravura, Bern and Berlin 1984, p. 111) "Therefore I also use brick sculptures to refer to classicism in the handmade fashion and to hold on to it, the anonymity. And I use the handmade to hold on to the intuitive, to the persuasive in the brick sculptures." (P. K., Ziegelsteinskulpturen, von hier aus, loc. cit., p. 182)

IV.

Between 1981 and 1985, Kirkeby created a very compact, polymorphic group of bronze sculptures in rapid succession. The intensity with which Kirkeby worked on these sculptures already shows in the fact that around three quarters of the production up untill now originated in that period of time. The main subject is the investigation of corporeal and architectural figurations. This differentiation is expressed on the one hand in the motifs of head and arm or the interpretation of the torso, and on the other hand, in the subject of the gates, while overlappings of both objects of depiction are ascertainable in essential points of the development. With the bronzes, Kirkeby develops a method to translate human beings and things into three-dimensional figures. The creations arising in the process represent fragments which are metaphors for the processes of perception and form. The concept of an object thus leads to a sculptural idea which changes in the course of its implementation. Kirkeby breaks it and produces a new form in the end. "I don't think I have ever drawn a whole tree. Only a fragment evolved, mostly the bottom, what becomes the stump. And I see this as a stele, a stump created by man. The stele in the rain forest however becomes a tree. From my hand or the hand of nature." (P. K., Das Detail gross machen, in: Bravura, loc. cit. 1984, p. 122)

In an early group of five sculptures dating from 1981, Kirkeby formulated his thematic focal point for the first time. The synthetic nature which initially characterizes the outer appearance of the bronzes already appears distinct in an exemplary way here. Head, arm and gate are presented as fragmentary figurations.

The Small Head with Arm delineates a sharply profiled form which – as the title indicates – is to be imagined as a head and an arm melting together. Modeling by hand erases any individual expression. Nevertheless, the profile with brow, eye sockets, nose, mouth and chin is comprehensibly set off against a form that resembles a raised arm behind the head.

For Kirkeby, head and arm are uninteresting as corporeal set pieces, because they would occupy the sculptural form too much as narrative or "anecdotic" moments. He thus explains this substantial differentiation that a facial profile which traces the individual features only produces a "sign," but cannot create a "figure." Kirkeby illustrated this sculptural method with a little explanatory sketch which outlines the characteristic facial features of his wife Vibeke: "... There you have her, and that's not a figure. It's a face at best, and it is primarily a drawing. But then I began to strengthen ... this, to lay a sensual upper arm to the left before her face. Now you've got the figure." (P. K., Gespräche, loc. cit. 1998, p. 94)

Kirkeby understands transfering the figure in visual metaphors as the fundamental intention of his artistic work with respect to the subject matter. "[It] follows me all the time, because I'm holding on to something that has been important from the beginning of the 60ies on: that art deals with something that has to be subject matter. [...] Figure is therefore equal to what I've called idea to avoid saying subject matter or the like." (Ibid., p. 94)

The illustrative elements of *The Small Head with Arm* are consequently inscribed in an autonomous occurrence of form which derives from the material which has been thoroughly worked out. The applied material structures are pointed on the surface the even structure of which is thrown into sharp relief by the dark patina that Kirkeby mostly prefers to use for his bronzes. The immediate combination of sculptural idea and technical process is reinforced, not least of all, by the simple wooden base from which the form grows, treated consciously as an integral component of the sculpture like the reinforcement of the three-dimensional subconstruction left visible.

The structure of the three-dimensional form after a more or less determined corporeal model is cautiously executed in the working process. "The base was an anecdote that failed. The execution of a figure = idea failed, and as a result, its non-linguistic character became apparent." (Ibid., p. 96) The process remains transparent in its development, and in this respect conveys the tactile qualities of experience which go along with the sculptural process. In that way, Kirkeby emphasizes the outer level of perception of the form as a carrier of the autonomous sculptural concept or the form-shaping processes that it is conveying. For Kirkeby, the narrative model is a necessary motive of the sculptural process which produces the form. Consequently, the resulting form can only partly be understood as an occurrence of the abstraction of an object. It is descriptive inasmuch as it opens an associative space where the corporeal fragment stands as a metaphor.

This clear position of his sculptural concept, laid out in *The Small Head with Arm*, is further established in the works immediately following.

In two equally small-format sculptures Kirkeby then examines the subject of the gate. In the process, he formally differentiates between a *Gate* indicated as such and the *Model: Gate*. The three-dimensional form isolates its object. Looking at it, the differentiation becomes apparent as a variation of a simple representational idea which is interpreted organically and constructively.

Twisted into itself, the form of *Model: Gate* transcribes an ovaloid opening. It forms a kind of irregularly thickening and thinning arch, the original material form of which has been reshaped. By contrast, *Gate* produces a tectonic structure in which the visibly emerging reinforcements suggest an uncompletedness which is confirmed by the perception of a graphically proper form.

While *Gate* denotes the firmly fixed structure of an architectural fragment, *Model: Gate* simulates an evolving cave-like structure. In turn, the rough and vigorous modeling here shows a differentiation which supports the prevailing appearance. In the process, the natural cohesion of the forms within the works and the tectonic structure of the form are rendered in a similar way. Kirkeby's neutralizing stance regarding process and structure of the three-dimensional form becomes readable in his ambiguous definition of the term *model*, which – in contrast to the work complex of the models – is not meant as a design here, but pictorially. That means the *Model: Gate* sculptures do not sketch a true to scale design, but the description of a sculptural figure.

In *Model: Two Arms I–III*, Kirkeby more explicitly than before devotes himself to the torso or the body fragments which constitute the formal subject matter and the focal point of the subject matter in the development of his bronzes. It is about three variations of a subject which thematicizes the arm folded behind or above the head. In the sequence of sculptures, a formal clarification becomes apparent with a moderation of the modeling.

At the same time, the development of *Model: Two Arms* documents the different conditions which lead from an analytic view of the body to a synthetic one. In turn, the sculptural forms grow in the three variations in structurally varied ways each from a clearly outlined plinth as a static basis. In the first execution, the sculpture appears to be primarily a connection of amorphous set pieces. A bend crossing over the materially compact center and a stump looming at a slant constitute the dominating elements of the torso-like structure. In the manner of their formation, they refer to the previously depicted *Model: Gate*, whose "growing" structure is broken up here. The figurative model is hence radically dissected. The rough treatment of the material is reflected in multiple cracks and fissures which permeate the forms. Kirkeby withdraws this impression of a dissection of a figure in the second version. The arrangement of forms and the modeling of surfaces are considerably more uniform. The perceptual features of a corporeal figure appear more constrained in the basically unaltered plan – bend crossing over and looming stump combine with the form lodged between them in a more graphic unit. The idea of a torso is additionally supported by the lateral shift of the sculpture's core which bestows on the figuration a space of its own. Kirkeby underlines this in the third version of the subject as a form-inherent component of the sculpture. The sculptural form is clearly clarified in favor of representing a synthetic body fragment which is identifiable as a part of the shoulder with the bases of the neck and the upper arm. The structure of the form reaches spatially beyond the static function of the plinth, but the picture of the outstretched arms opens a broader field of approaches of interpretation.

In summary, this group unfolds appreciable sculptural approaches of Kirkeby's bronzes beyond ascertainment by predetermined definitions of abstraction and autonomy.

V.

The motif introduced in *The Small Head with Arm* now becomes the primary object in Kirkeby's sculptural exploration of figurative models which are translated into a concrete sculpture.

The sequel of *Head with/and Arm* sculptures comprises the most extensive group among Kirkeby's bronze sculptures. As such it means more than just a series of variations of a theme. Kirkeby rather develops a far-reaching range of varying figurations with it, presenting an image of the body as a polymorphic fusion of individual parts.

Not until Rodin did the torso become an independent genre of the sculpture of the 20th century. At the same time, different readings of the fragmented body can be determined: first, in the representation of the injured body where the missing limbs are felt as a deformation. In a clear inversion, making the body parts aesthetical seems to be a symbolic representation of a natural wholeness. A third, empirical form of appearance concerns the shaping of a semblance of a human body in analogy to vegetative or mineral processes. To abstract the three-dimensional form of the corporeal model and to translate it into a symbol of the anonymous was an essential endeavor of the Moderns.

Within that endeavor, the torso describes a condition which expresses the psychological, the spiritual in art in one image of the body.

Head with Arm depicts an ambiguous figure whose anthropomorphic features can be read immediately. The sculpture, arranged over a narrow base, has a clearly outlined form and a rough surface which sustains the intentional appearance of a corporeal

Auguste Rodin, Male Torso

fragment. This outer compactness is destroyed by an intervention which rips open the figure in its mid-section. This gaping opening separates two periphery areas in which a clearly emerging profile faces a less distinct edge.

The sculpture reveals its sculptural process through the structure of the surface. Kirkeby first builds up the volume induced by a pictorial idea associated with a figurative idea. This form is shaped starting from the base upwards. In the course of this, the material on the surface is modeled several times in contrarotating movements, material fissures, dismantlings and additions. Traces of handling with hands and fingers as well as with the spatula, sling and other tools can be read in the roughly and/or delicately tanned outer layer of material. This carefully erected creation is then broken up. It thereby appears detached from the physical setting and set in motion again. The infiltration of another pictorial motif consequently causes the change and/or extension of the original idea in the picture-figure. This method is comprehensible in the *Head with Arm* sculptures and, as a sculptural process, makes up one of the particular fascinations of Kirkeby's bronzes.

In *The Large Head with Arm,* Kirkeby, looking back on the smaller work previously produced, included without doubt the experiences of the sequel of the *Arm and Head* sculptures, worked out in the meantime on a considerably increased scale. This larger version has a structure similar to the smaller *Head with Arm*. Its monumental escalation is reinforced by the relatively small base of a narrow squared timber. This reduced surface of the stand lends the sculpture a certain instability, especially since the corporeal-like structure is positioned in a more projecting way than in the smaller work. The asymmetric construction with its materially unequal weighting produces two areas of form set against each other and set out pictorially as motif. Because of this, the material incision appears less aggressive here. It appears more pronounced in connection with its splitting function which emphasizes the different sides of the view. Although the appearance of the sculpture depends on the respective view of the viewers, the features of the profile are experienced as a central element while the curving contour line strengthens the impression of the proportion of parts. One way or the other, the sculptural modeling of *The Large Head with Arm* produces a shading of the profile side, which determines the view of the sculpture on one side. "In the end... [you split] the figure and turn one part into a shadow, therefore a bisection takes place." (Ibid., p. 116) However, this bisection is perceived like the two sides of a coin which respektively show independent views.

VI.

With the extensive sequel of the *Arm and Head* sculptures, Kirkeby supplants the splitting with respect to form and subject matter in favor of a homogeneity of corporeal three-dimensional form. Yet the syntactic reversal is conspicuous at first in the title, which suggests a difference of form and subject matter. The heterogenic sculptural structures contradict it, though. A semantic differentiation would rather lead to pursuing realisms which distract from the actual figure. Basically, they are closely related to the *Head with Arm*. Of the *Arm and Head* sculptures, *I* to *VII* are characterized by looming forms, which might generally be described as stump-like figures, and *VIII* to *X* by organically shapeless appearing features which resolve the narrative figure of the object's proportion into a more less amorphous structure.

Like the works previously described, the characteristic effect of these sculptures stems from the tense connection of narrative core and sculptural process, the unpredictability of which is demonstrated by the various structures of form. At the same time, the material fusion of the parts into a more or less homogeneous fragment clearly prevails. Only in the case of *Arm and Head VI* is it possible to talk about an additive classification of related parts, while the splitting motif is revived in *III*. In principle, it remains to realize that the narrative portion of these looming sculptures appear retained in altered morphological structures. Its perception refers to nature-related areas of experience which disclose the organic, vegetative and mineral forms of structure.

The differentially shaped stump-like forms in *Arm and Head I–VII*, which with respect to form constitute the object of the sculptures, put the spotlight on the unity of the figure. The anecdotic references of the enclosed facial features or profiles appear fused with variable constructional structures. At the same time, *I* and *II* refer to the figurative amalgamation of isolated fragments, for which, in each case, the head shapes the visual base of the three-dimensional form on which the looming bend of the arm leans. Both sculptures differ in their surface structure though. While *I* shows a burnished modeling, *II* appears in a raw state which roughly works out the individual details

Auguste Rodin, Gate of Hell, 1881–1917

and allows the thrown-up surface to have a more immediate effect. By contrast, *IV–VII* strengthen the structural homogeneity which is characteristic of the other shapeless, squat sculptures. At the same time, *IV* shows a severely reduced form going upwards, which clearly points out the vertical impulse of the sculptural process. In the figure growing like a stalagmite, the facial profile appears to be a crystalline inclusion in which a "different" element is preserved. *III* and *VI* interpret the splitting motif in different ways, likewise under the conditions of a synthetic figure whose surface by this time shows the smoothed, rounded-off modeling of a tanned hide. In *III*, the splitting appears to be a wound inflicted on the material body whose profile and shady sides illustrate the dialectic figure of the sculpture. In a specific molding, this synthetic view of three-dimensional form becomes apparent in the "twin figure" of *Arm and Head VI*. Kirkeby modeled two almost identically shaped objects above a small block of wood. In one, facial features are worked in through which an obvious differentiation in terms of motif is made. Nevertheless, the two parts on the side turned away have grown into one figure. This peculiar structure generates an ambiguity of concrete experiences. These affect various areas of existence of outward reality, calling on the vegetative growth process just as on the amputation of intact corporeality.

The *Læsø Heads*, whose title refers to the Danish island to which Kirkeby always retreats a part of the year, also show the differentiating features comparable to the *Arm and Head* sculptures. The anecdotic moments are retrieved in these sculptures – with the exception of *III* which takes up the twin form of *Arm and Kopf VI*. By contrast, a reinforced infiltrating of the surrounding space becomes visible in the three-dimensional volume which is continued in *Two Arms*. These more complex spatial structures, beyond being a formal feature, indicate a development towards the monumental. *Two Arms I* and *II* are far-reaching figures which express a diverging body-space relationship. *I* touches the moment of bodily deformation with three soaring growths which are joined in an embracing gesture. In comparison, *II* objectifies the gesture that it depicts. It shapes a stance from the modeled mass which materializes the hollow space as if embraced by the folded arms as a positive form. Reinforcing the splitting of the form volume in favor of an increasing infiltration of real space, Kirkeby prepares the comparative treatment of corporeal and tectonic structures in his monumental sculptures.

VII.

The polymorphic shaping of the *Arm and Head* sculptures and the *Læsø Heads* reveal Kirkeby's intense exploration of a body image which develops self-awareness from visible reality, being certain that the objective nature of things lies out of our reach, and that we remain dependent on the perception of the outward appearance. This corporeal assimilation of reality, which can always be only a phenomenon for us, is thus naturally fragmentary for Kirkeby.

The favoring of fragments as a metaphoric incorporation of a complex unity points to Kirkeby's exploration of Rodin which he vividly treated in a programmatic essay. In it, he describes the relatedness of character which connects Rodin's *Gate of Hell* and *Balzac* with his own conception which he links in turn to the central importance of Rodin's definition of "exaggeration of form." Kirkeby recognizes the conceptual concentration of the essential structural approaches that Rodin expressed in his works: the complex fusion of space and body, of body and surface, of surface and form and of form and fragment. "An arm or a leg or another limb becomes a whole body. Greater to think by way of 'fragments.' Rodin's radicalization of the torso." And further: "Dismembered limbs which are suddenly concentrated on a synthetic exertion in their segmented existence: an arm becomes a whole figure." (P. K., Rodin – La Porte de l'Enfer, Bern and Berlin 1984, pp. 12, 17)

Auguste Rodin, Balzac (plaster) 1891–97

What impressed Kirkeby about the *Balzac* was the flatness of the sculptural form that he ascribed to a certain model function for Matisse's monumental *The Back* reliefs. "Actually it is rather a kind of cylinder, yet it appears flat. Like a large, obliquely placed slab. A relief put out in space." (Ibid., p. 11)

The innovative approaches of Rodin's *Balzac* (1891–1897) arise from his rejcection of the illustrative function of monuments. The three-dimensional form does not represent the novelist's anatomical characteristics, but tries to grasp the nature of his personality. By resolving the superfluous details and emphasizing abstract features, Rodin creates the basis of a new type of monument. The sculptor embodies the novelist Balzac in an expressive appearance. *Balzac's* body is wrapped in a coat under which the arms are also concealed. The arrangement of the folds describes a sweeping movement which is transmitted to the entire figure. This momentum, which stores the vital energy of what is depicted, is also adopted in the stretched tension of the flat, scarcely structured view

Per Kirkeby, Figure, 1983

of the back. The high degree of abstraction increases the monolithic effect of the figure and accentuates the original character of the sculpture. It coincides with Rodin's intention not to illustrate what is depicted, but to express, according to the conviction of Balzac who wrote in *The Unknown Work of Art*: "The task of art is not to copy nature, but to express it. [...] Try to remove the hand of your lover as a mask and lay it before you, you will only see a gruesome piece of anatomy without resemblance before you and you'll be forced to look for the chisel of the man who, without exactly copying it for you, nevertheless makes you aware of its organic life in the flesh."

The fascination which Rodin's *Balzac* had on Kirkeby is above all based on the development of the three-dimensional form from a pictorial concept. Therefore, what interests Kirkeby in particular are the inner movement and spatial tension of the body. This interest is immediately reflected in a work entitled *Figure* (1983), which calls forth the prototype of the *Balzac* in remarkable clarity. Moreover, the free-standing sculpture has an exceptional position among Kirkeby's bronzes, since it is the only one which does not represent a fragment, but a complete standing figure. Kirkeby projects a somewhat larger-than-life form in it which conveys the impression of a human figure. It has a closed contour and a generally restless upper surface structure. Anatomical details are completely effaced, only the upper hump-like arrangement in steps indicates head and shoulder. Kirkeby's *Figure* also projects the idea of a wrapped body that appears like a silhouette. The slight tilt suggests a differentiation of front and back sides, without the *Figure* being fixed on it. The respective views of the *Figure* are in fact determined by their ground-gaining movement, but however one approaches it, it appears invariably withdrawn from viewers. It nearly seems as if Kirkeby had worked the back views of Rodin's *Balzac* into an independent *Figure,* whose flatness produces a relief-like impression.

For Kirkeby, the idea of a relief standing free in space was a decisive realization which confirmed and challenged the way he saw himself as an artist who is always committed to his sculptural œuvre. In its total significance, the result of this challenge becomes readable in the development of large bronzes on the subjects *Torso* and *Gate.*

VIII.

The monumental *Torso I* and *II* have the same asymmetric structure. Their compact form contains a vertical structuring, the upper section of which becomes clearly restricted by an even border. The different treatment of the two sides and their slight depth lend the sculpture a relief character.

The three-dimensional shaping of the front side imposes clearly, corporeal references which nevertheless withdraw access to recognition. They appear once more as the result of an emotional experience of sight. The vertical structuring in three cords or bulges can be connected with the idea of different body parts or sections. Whether a lower part of the body or a muscular part of the shoulder are associated is ultimately guided by the "intentional" perception which, according to a phenomenological understanding, is subject to the viewers' awareness of an object. By contrast, the same shaped, unstructured, slightly concave back shows the three-dimensional form as a flatly curved pictorial figure. In this regard, the modeling of graspable expression of a sculptural thinking shifts the sculpture as a pictorial work into an ambivalent relationship to the real space in which is placed.

Henri Matisse, The Back III, 1916/17

The manner in which the pictorial figure of Kirkeby's *Torso I* and *Torso II* develops from the free treatment of three-dimensional form and corporeal structures refers to the *The Back* reliefs by Henri Matisse, who created four variations between 1909 and 1930. The reliefs span a long period of time in which the view of the subject gradually developed parallel to the complete work. This process increasingly removes it from the pictorial subject of a female body. The composition of *The Back I* (1909) is aligned with the vertical spinal column. It serves as an axis for the strong torsion of the body whose muscular cords and curvatures are almost exaggerated. In the following versions Matisse reduced the anatomical details in regular steps and hardened the forms. In *II* (1913) the separate parts of the body join together in a cubistic, simplified but still concrete figure. Version *III* (1916/17), however, disassembles it in three-dimensionally autonomous fragments which bring to mind a body only in the synopsis. The previously suggested strand of hair thereby acquires a distinct material quality. This mid-perpendicular now forms the spine of the figure which splits the two halves of the body into a radical caesura. Because of that, a spatial cohesion of the figure is con-

Henri Matisse, The Back II, 1913

siderably reinforced by the relief ground. In the concluding figure (1930) Matisse picks up the split in an even more simplified figure whose symmetric structure and statuesque appearance delimit the homogeneous body against a spatial relief ground.

This roughly sketched line of development of the *The Back* should serve to show fundamental moments of comparison with Kirkeby's sculptural concept. Matisse wrote that what mattered to him in his occupation with sculptures was "to create intellectually order in my painting." The three-dimensional form functioning as an independent counterbalance as regards to the form interested him "only [as a] general architectural structuring [...] which replaces clarifying details with a vivid, suggestive synthesis." (Quoted after Henri Matisse, Das goldene Zeitalter, cat. Kunsthalle Bielefeld 1981, pp. 300 f.)
This "suggestive synthesis" ultimately matches Kirkeby's metaphoric figure which is extracted from the "break-down of the anecdotic idea." Unlike Matisse's step-by-step simplification from the graphic model, the inner emotion which shows in the deep scars and discardings of the surface of Kirkeby's *Torso I* and *II* is not the result of an abstraction, however. The three-dimensional form arises rather from the intellectual infiltration of the sculptural process. In this sense, Kirkeby depicts the radical view of a body in the *Torsi,* not as an organic whole, but as a fragment which still hints at the metaphor of an idea of wholeness.

IX

The *Gate*, representing an object of a sculpture brings to mind – like the *Torso* – a fragment, inasmuch as it appears as an architectural element without function due to its isolation.

Gate I and *II* compared with one another also show very closely related structures, which stimulate different interpretations though. While *Gate II* is characterized by a structural centralization of modeling which emphasizes the tectonic figure, *Gate I* represents condensed material in which a deeper split suggests an organic process. Because of that, the ambiguous nature of the theme is conveyed which calls for the opening and the closure as two incompatible orders. Here, the uneven modeling of the front and back sides is not only – like in the case of the *Torsi* – a function of the character of relief, as regards subject matter, it is rather a feature of the sculptural metaphor. Thus, viewing the sculpture as a work of art which establishes the perspective of the viewer on the front side is decisively reinforced.

With the sculpture *Untitled (Herakles)* (1991/92), Kirkeby intensifies the inductive conception of the three-dimensional form which stands in front of the viewer like a wall in really monumental dimensions. At the same time, he creates the synthesis of the *Torso* as a corporeal fragment and that of the *Gate* as an architectural element.

At first, the uniform graduation picks up directly the construction of the *Torsi*. However, these are intensified here to a symmetric figure which lends the outer contour of the flat form an impression of corporeality. The modeling of the bronze takes up the symmetry of the outline only conditionally. The uniform interventions and elevations render the surface an asymmetric relief from which the recurring muscular curvatures of a body can be read. The very vivid upper surface of the figure and the colossal dimensions of the sculpture moreover suggest figurative movements which seem to emerge from the material structure.

With that, Kirkeby instigates anew the return to Rodin's *Gate of Hell* and Matisse's *The Back*, on the one hand in regard of the filigree fragmentation and on the other hand in regard of its tectonic structural formation out of the surface.

X.

A self-contained group of five small-scale sculptures opens a view for another facet of Kirkeby's work. It is about heads which reveal a more intimate character which is already addressed in the title *Head at Home*. The sculptural process represented in these works and its material structure confirm the pictorial, open relationship of object and figure in Kirkeby's concept of the three-dimensional. Consequently, the variations of *Head at Home* (1991/92) have varying structures of form which suggest each a different perspective of perception.

First, these structures recall *The Small Head with Arm*, the rough modeling of which is translated into a more expressive flow following the material. Because of that, they appear as a more articulated shape. This sculptural or procedural derivation was introduced by Kirkeby as early as in *Head and Arm I* and in *Head without Arm II* (both 1985) which – closely related to one another – pick out the task of the synthetic connection of two limbs as a central theme of the pictorial figure. This procedure calls to mind the

Alberto Giacometti, Large Head Diego, 1954

sketches already described with which Kirkeby explained the differentiation of abstraction of the individual to a "sign" and its addition as a "figure" (cf. p. 18). Considering this, the representation of the single head signifies – without the figurative extension with another limb – an altered view of the fragmentary pictorial figure which was previously based on the symbolic conception of corporeal wholeness and intactness. While the head is inserted as an occasional pictorial figure, a greater correspondence of the object represented and the three-dimensional form is revealed which brings up the issue of its relationship to the spatial context. That means the shape of a head suggests a complete three-dimensional appearance. Actually, however, the figures are restricted to a certain view which is emphasized by the flattening out of the head's form in each case. Particularly in the case of *I* and *IV,* the relief character of the sculpture is revealed through the smooth rear and intensified by their spatial structure. *Head at Home I* is positioned on its half-side face. The vigorous modeling forms the facial features from the material volume. Accordingly, the left eye under a delicate brow as well as the nose are clearly accentuated, while the mouth is inserted in a crude gesture. By contrast, the averted side of the face appears to be a shadow against which the profile stands in relief. While the considerably more roughly modeled forms of *III* and *V* are built up and structured in a comparable way, *Head at Home IV* meets with a spatial impetus through its slanted position, an impulse which puts it in a dynamic relationship to the immediate surroundings. These differing relationships of sculptures to space – like in the case of the large *Torsi* – are simple to understand, since the viewers' perspective is related to a location which determines a front and a behind and lets the sculpture take its spatial position.

Head at Home II, which is modeled on both sides, has a form which is succinct and deviates in a certain way from the established. Its three-dimensional form is aligned with the facial profile whose line stands out in relief from the brow above the nose and the chin in an almost bizarre way. Cheeks and eye sockets are accentuated too. The volume of the profile is greatly diminished, whereby the front or rear view of the head appears relatively without contour. With that, a vivid characteristic is addressed which suggests the comparison with Alberto Giacometti's heads and busts.

Giacometti's demand on three-dimensional art was extraordinary and – to take up a formulation by Max Imdahl – culminated in the question: "How can one shape a human being from material without letting it stiffen in material?" (Max Imdahl, Norbert Kunisch; Plastik – Antike und moderne Kunst in der Sammlung Dierichs in der Ruhr-Universität Bochum, Bonn 1979, p. 118) Imdahl derived this formulation from a statement of Giacometti in which he emphasized that it "is important to recreate an object that conveys as much as possible a similar feeling as the one at the sight of the subject." (Ibid., p. 118)

Both remarks give rise to derivations which mirror the starting point of Kirkeby's bronze sculptures with respect to form and at the same time show his diverging interpretations of their sculptural appearance. The relatedness of character as regards form is articulated in a similar relationship of material and process, inasmuch as the tangible upper surface structure with its faults, fractures, creases, notches, cracks, etc. do not represent corporeal deformation or disability, but rather devises a concept of wholeness. On the other hand, substantial differentiations ensue from the relationship of prototype and form.

Unlike *Arm and Head*, for example, Kirkeby's *Head at Home* stands on the basis of its given figure in a direct relationship to a sculptural model, without causing any individual identification though. The whole form does not originate from a figurative construction being composed of several limbs. This lack of adhesion to a figurative structure reduces the remoteness of the form and moves the sculptures closer to the viewers. The vigorous handling with which the outer form is constructed and its traits are worked out lends in addition a vital expression which points back to a prototype. The pliability of the material and the precision of the modeling intervention act as an important function of perception here, which is determined by a constant standing out in relief and withdrawing itself of the three-dimensional form. Consequently, each of the five sculptures has an individual, reinforced expression which proceeds less from the recognizably inscribed facial features, but is shaped by the distinct three-dimensional meditation of material and form, process and figure.

Giacometti aspires to an immediate apprehension of the human being as a living creature whose representation reproduces permanent movement and change. His intention is to ward off its appearance subjugated to prevailing temporal and spatial conditions. In that respect, Giacometti disputes corporeality as an object of sculptural process. Instead, what matters to him is "to instigate" a form of appearance "which [...] negates the corporeal tactile." (Imdahl, loc. cit., p. 120) This method of procedure becomes comprehensible in a concrete manner in the example of *Large Head Diego* (1954). With respect to form, the sculpture conveys the decisive traits of Giacometti's portrait busts. The head is depicted in extreme extension and flattened over the base of its shoulder. The characteristics of the model's identity have considerably been ground in an extremely rough upper surface structure in which the attributes of the corporeal are additionally canceled out. For that reason, the grooves, creases and notches added to the reduced volume do not appear to be an expression of physical decay, but symbolize the vitality of human existence between coming into being and ephemerality. The three-dimensional form is consequently aligned with its appearance conditioned by perception. Giacometti thus returns to the regularity of stereometric vision. A frontal approach to the sculpture provides the eye with different views of both sides of the face which join in a three-dimensional overall picture. "In returning to the fundamentals of spatial vision, Giacometti succeeds in conveying the impression of full volume without the corresponding volume existing." (Carlo Huber, Alberto Giacometti, Zurich 1970, p. 94) That means the spatial approach to the three-dimensional form does not give any clearer view of the concrete details. Jean-Paul Sartre introduced the term "absolute distance" for this form of appearance of Giacometti's sculptures. The term describes the endeavor "to represent human beings as one sees them [...] from a distance." (Jean-Paul Sartre, Figuren aus dem Staub des Raums, in: A. G. 1901–1966, cat. Vienna and Edinburgh 1996, p. 363)

While Giacometti pursues a phenomenological apprehension of the human being as a living creature, Kirkeby creates his figures from the empirical assimilation of the living environment. The concrete relationship in the procedural approach to a material form is realized through a different concept of real space – existential space, for Giacometti, and for Kirkeby, empirical space. Kirkeby is interested in an autonomous form which does not show much consideration for the appearance of what is represented. Ultimately, his bronze sculptures are figural reflections on the processes of origin and decay beyond our reach in our living environment. "My hand is there, I think I know it, but then that too is all over. I don't know what I'm touching. Perhaps in reality, it's a hole, the mass of something unreal created by the hand and reality." (P. K., Stimmungen – Skulptur, in: Handbuch, loc. cit., p. 167)

The bronze sculptures of Per Kirkeby emerge from the experiences of his life, the biographic sphere of which remains anonymous. The individual form or existence of people and things he has encountered are not prototypes of his sculptural figurations which should be imitated. The *Head at Home* is not a portrait, the personal relationship does not appear. It rather shapes a narrative setting that viewers can enter in order to investigate the "biographic material" in their own ways.

KATALOG
CATALOGUE

KP 1

Der kleine Kopf mit Arm /

The Small Head with Arm, 1981

Bronze, patiniert / Bronze, patinated

35 × 14 × 22 cm / 13 3/4 × 5 1/2 × 8 3/4 "

KP 2

Modell: Tor / Model: Gate, 1981

Bronze, patiniert / Bronze, patinated

30 × 29 × 16 cm / 11 3/4 × 11 1/2 × 6 1/4 "

KP 3

Tor / Gate, 1981

Bronze, patiniert / Bronze, patinated

36 × 23 × 15 cm / 14 1/4 × 9 × 6 "

KP 4

Modell: Zwei Arme I /

Model: Two Arms I, 1981

Bronze, patiniert / Bronze, patinated

28 × 38 × 19 cm / 11 × 15 × 7 1/2 "

KP 7

Kopf mit Arm / Head with Arm, 1982

Bronze, patiniert / Bronze, patinated

106 × 34 × 41 cm / 41 3/4 × 13 1/2 × 16 1/4"

KP 8

Arm und Kopf I /

Arm and Head I, 1982

Bronze, patiniert / Bronze, patinated

76 × 18 × 34 cm / 30 × 7 × 13 1/2 "

KP 10

Arm und Kopf III /

Arm and Head III, 1983

Bronze, patiniert / Bronze, patinated

111 × 24 × 36 cm / 43 3/4 × 9 1/2 × 14 1/4 "

KP 11

Arm und Kopf IV /

Arm and Head IV, 1983

Bronze, patiniert / Bronze, patinated

122 × 25 × 47 cm / 48 × 9 3/4 × 18 1/2 "

KP 12

Arm und Kopf V /

Arm and Head V, 1983

Bronze, patiniert / Bronze, patinated

117 × 25 × 39 cm / 46 × 9 $^{1}/_{2}$ × 15 $^{1}/_{4}$ "

KP 13

Arm und Kopf VI /

Arm and Head VI, 1983

Bronze, patiniert / Bronze, patinated

126 × 39 × 33 cm / 49 1/2 × 15 1/4 × 13 "

KP 15

Arm und Kopf VIII /

Arm and Head VIII, 1983

Bronze, patiniert / Bronze, patinated

75 × 45 × 45 cm / 29 1/2 × 17 3/4 × 17 3/4 "

KP 18

Arm und Kopf XI /

Arm and Head XI, 1983

Bronze, patiniert / Bronze, patinated

99 × 72 × 53 cm / 39 × 28 1/4 × 20 3/4 "

KP 19

Læsø-Kopf I / Læsø-Head I, 1983

Bronze, patiniert / Bronze, patinated

83 × 27 × 55 cm / 32 3/4 × 10 3/4 × 21 3/4 "

KP 20

Læsø-Kopf II / Læsø-Head II, 1983

Bronze, patiniert / Bronze, patinated

91 × 43 × 40 cm / 35 3/4 × 17 × 15 3/4 "

KP 21

Læsø-Kopf III / Læsø-Head III, 1983

Bronze, patiniert / Bronze, patinated

114 × 43 × 60 cm / 45 × 17 × 23 $^{1}/_{2}$ "

KP 23

Arm, 1983

Bronze, patiniert / Bronze, patinated

88 × 16 × 31 cm / 34 3/4 × 6 1/4 × 12 1/2 "

KP 24

Der große Kopf mit Arm /

The Large Head with Arm, 1983

Bronze, patiniert / Bronze, patinated

200 × 40 × 79 cm / 78 3/4 × 15 3/4 × 31 1/4 "

KP 25

Zwei Arme I / Two Arms I, 1983

Bronze, patiniert / Bronze, patinated

116 × 73 × 55 cm / 45 3/4 × 28 3/4 × 21 3/4 "

KP 27

Torso I, 1983

Bronze, patiniert / Bronze, patinated

201 × 130 × 58 cm / 79 1/4 × 51 1/4 × 22 3/4"

KP 28

Torso II, 1983

Bronze, patiniert / Bronze, patinated

196 × 122 × 48 cm / 77 1/4 × 48 × 19 "

KP 29

Zwei Arme II / Two Arms II, 1984

Bronze, patiniert / Bronze, patinated

77 × 86 × 89 cm / 30 1/4 × 33 3/4 × 35 "

KP 30

Arm und Kopf XII /

Arm and Head XII, 1984

Bronze, patiniert / Bronze, patinated

30 × 24 × 11 cm / 11 3/4 × 9 1/2 × 4 1/4 "

KP 31

Arm und Kopf XIII /

Arm and Head XIII, 1984

Bronze, patiniert / Bronze, patinated

55 × 26 × 16 cm / 21 3/4 × 10 1/4 × 6 1/4 "

KP 32

Große Nase / Large Nose, 1984

Bronze, patiniert / Bronze, patinated

64 × 67 × 37 cm / 25 1/4 × 26 1/2 × 14 1/2 "

KP 33

Neuer Læsø-Kopf /

New Læsø-Head, 1984

Bronze, patiniert / Bronze, patinated

115 × 47 × 61 cm / 45 1/4 × 18 1/2 × 24 "

KP 34

Kopf und Arm: Tor /

Head and Arm: Gate, 1984

Bronze, patiniert / Bronze, patinated

85 × 67 × 76 cm / 33 1/2 × 26 1/2 × 30 "

KP 35

Großer Kopf / Large Head, 1984

Bronze, patiniert / Bronze, patinated

97 × 93 × 69 cm / 18 1/4 × 36 1/2 × 27 1/4 "

KP 41

Kopf und Arm I /

Head and Arm I, 1985

Bronze, patiniert / Bronze, patinated

52 × 10 × 32 cm / 20 1/2 × 4 × 12 1/2 "

KP 42

Kopf ohne Arm II /

Head without Arm II, 1985

Bronze, patiniert / Bronze, patinated

44 × 16 × 31 cm / 17 1/4 × 6 1/4 × 12 1/4 "

KP 44

Liegender Arm-Kopf /

Lying Arm-Head, 1986

Bronze, patiniert / Bronze, patinated

50 × 70 x 40 cm / 19 3/4 × 27 1/2 × 15 3/4 "

KP 45

Kopf-Kopf / Head-Head, 1986

Bronze, patiniert / Bronze, patinated

110 × 80 × 80 cm / 43 1/4 × 31 1/2 × 31 1/2"

KP 46

Tor-Kopf / Gate-Head, 1986

Bronze, patiniert / Bronze, patinated

40 × 40 × 30 cm / 15 3/4 × 15 3/4 × 11 3/4 "

KP 58

Kopf zu Hause II /

Head at Home II, 1991/92

Bronze, patiniert / Bronze, patinated

37 × 31 × 20 cm / 14 1/2 × 12 1/4 × 7 3/4 "

KP 59

Kopf zu Hause III /

Head at Home III, 1991/92

Bronze, patiniert / Bronze, patinated

25 × 24 × 17 cm / 9 3/4 × 9 1/2 × 6 3/4 "

KP 61

Kopf zu Hause V /

Head at Home V, 1991/92

Bronze, patiniert / Bronze, patinated

22 × 25 × 19 cm / 8 3/4 × 9 3/4 × 7 1/2 "

WERKVERZEICHNIS
DER BRONZEPLASTIKEN

CATALOGUE RAISONNÉ
OF THE BRONZE SCULPTURES

KP 1 *

Der kleine Kopf mit Arm /
The Small Head with Arm, 1981

Bronze, patinated
35 × 14 × 22 cm / 13 3/4 × 5 1/2 × 8 3/4 "
Edition: 6 + 0
Foundry: L. Jensen, Copenhagen /
H. Schmäke, Düsseldorf
[Inscription] Inscr.: numbered

Exhib.: Gallery Nigel Greenwood, London, 1982; P. K., Skulpturen 82, Galerie Michael Werner, Cologne, 1984 (Cat.); P. K., Kunstverein Braunschweig, 1984/85 (Cat.); P. K., Paintings, Sculptures, Films, Douglas Hyde Gallery, Dublin / Fruitmarket Gallery, Edinburgh, 1985 (Cat.); P. K., Skulpturer, Den Frie Udstillings bygning, Copenhagen, 1985 (Cat.); P. K., Skulpturen und Bilder, Knoedler Zürich, 1985 (Cat.); P. K., Bilder und Skulpturen, Galerie Ascan Crone, Hamburg, 1985; P. K., Salzburg Bilder und sieben Skulpturen, Galerie Thaddaeus Ropac, Salzburg, 1986 (Cat.); P. K., Mary Boone/Michael Werner Gallery, New York, 1986 (Cat.); P. K., Bilder und Skulpturen, Kunstverein Freiburg, 1987 (Cat.); P. K., Arbeiten auf Papier, Druckgrafik, Bronzeplastiken, Galerie Brigitte Wetter, Stuttgart, 1987; Sculptures and Drawings – Five Artists of the Gallery, Michael Werner Gallery, New York, 1993; P. K., Skulpturen, Openluchtmuseum voor Beeldhouwkunst Middelheim, Antwerpen, 1995; P. K., Skulpturen, Terrakotten und Zeichnungen, Gerhard-Marcks-Haus, Bremen und Oldenburger Kunstverein/Museum für Kunst und Kulturgeschichte, Lübeck / Städtische Museen, Heilbronn / Staatliche Galerie Moritzburg, Halle, 1997/98 (Cat.); P. K., Die Bronzen, Städtische Galerie im Lenbachhaus, Munich, 1998 (Cat.)

KP 2 *

Modell: Tor /
Model: Gate, 1981

Bronze, patinated
30 × 29 × 16 cm / 11 3/4 × 11 1/2 × 6 1/4 "
Edition: 6 + 0
Foundry: L. Jensen, Copenhagen /
H. Schmäke, Düsseldorf
Inscr.: –

Exhib.: Gallery Nigel Greenwood, London, 1982; P. K., Skulpturen 82, Galerie Michael Werner, Cologne, 1984 (Cat.); P. K., Kunstverein Braunschweig, 1984/85 (Cat.); P. K., Skulpturer, Den Frie Udstillings bygning, Copenhagen, 1985 (Cat.); P. K., Skulpturen und Bilder, Knoedler Zürich, 1985 (Cat.); Dänische Skulptur im 20. Jahrhundert, Wilhelm-Lehmbruck-Museum, Duisburg, 1985 (Cat.); Städtisches Museum, Flensburg, 1985; P. K., Bilder und Skulpturen, Kunstverein Freiburg, 1987 (Cat.); P. K., Retrospektive, Museum Ludwig, Cologne, 1987 (Cat.); P. K., Modeller og skisser til teglestensskulpturer, Bergens Kunstforening, Bergen / Nordiskt Kunstsenter, Henie-Onstad Kunstsenter, Hoevikodden, 1989 (Cat.); P. K., Nordiiskt Konstcentrum, Helsinki, 1989; P. K., Pinturas, esculturas, grabados y escritos, IVAM Centre del Carme, Valencia, 1989/90 (Cat.); P. K., Excursions & Expeditions, Magasin – Centre National d'Art Contemporain, Grenoble,

---

*Anmerkung: Die mit * gekennzeichneten Werke sind ausgestellt.*
*Addendum: The works marked with * are exhibited.*

1992 (Cat.); documenta IX, Museum Fridericianum, Kassel, 1992 (Cat.); P. K., Skulpturen, Arbeiten auf Papier, Städtische Galerie, Göppingen, 1992 (Cat.); P. K., Göteborgs Konstmuseum, 1992 (Cat.); L'objet théorique de la main à la Tête, Domaine de Kerguehennec, Bignan Centre d'Art Contemporain, Locminé, 1993; Scultptures and Drawings – Five Artists of the Gallery, Michael Werner Gallery, New York, 1993; P. K., Moderna Galerija, Ljubljana / Obalne Galerije, Piran, 1993/94 (Cat.); P. K., Paintings and Sculptures, National Gallery of Prague, Palais Sternberk, Prague, 1994 (Cat.); P. K., Restlandschaft. Städtische Kunstsammlungen, Augsburg, 1998 (Cat.); P. K., Die Bronzen, Städtische Galerie im Lenbachhaus, Munich, 1998 (Cat.)

KP 3 *
Tor /
Gate, 1981
Bronze, patinated
36 × 23 × 15 cm / 14 1/4 × 9 × 6 "
Edition: 6 + 0
Foundry: L. Jensen, Copenhagen / H. Schmäke, Düsseldorf
Inscr.: PK, stamped, numbered

Exhib.: P. K., Kunstverein Braunschweig, 1984/85 (Cat.); P. K., Paintings, Sculptures, Films, Douglas Hyde Gallery, Dublin / Fruitmarket Gallery, Edinburgh, 1985 (Cat.); P. K., Skulpturer, Den Frie Udstillings bygning, Copenhagen, 1985 (Cat.); P. K., Skulpturen und Bilder, Knoedler Zürich, 1985 (Cat.); P. K., Hildo Kropplein, Amsterdam, 1990 (Cat.); P. K., Galerie Lelong, Zürich, 1991 (Cat.); P. K., Paintings and Sculptures, National Gallery of Prague, Palais Sternberk, Prague, 1994 (Cat.); P. K., Skulpturen, Terrakotten und Zeichnungen, Gerhard Marcks-Haus, Bremen und Oldenburger Kunstverein/Museum für Kunst und Kulturgeschichte, Lübeck/Städtische Museen, Heilbronn/ Staatliche Galerie Moritzburg, Halle, 1997/98 (Cat.); P. K., Gouachen und Zeichnungen, Bronzeskulpturen, Galerie Michael Schlieper, Hagen, 1998; Künstler der Galerie, Galerie Michael Werner, Cologne, 1998; P. K., Die Bronzen, Städtische Galerie im Lenbachhaus, Munich, 1998 (Cat.)

KP 4 *
Modell: Zwei Arme I /
Model: Two Arms I, 1981
Bronze, patinated
28 × 38 × 19 cm / 11 × 15 × 7 1/2 "
Edition: 6 + 0
Foundry: L. Jensen, Copenhagen / H. Schmäke, Düsseldorf
Inscr.: PK, stamped, numbered

Exhib.: Gallery Nigel Greenwood, London 1982; P. K., Kunstverein Braunschweig, 1984/85 (Cat.); P. K., Paintings, Sculptures, Films, Douglas Hyde Gallery, Dublin / Fruitmarket Gallery, Edinburgh, 1985 (Cat.); P. K., Skulpturer, Den Frie Udstillings bygning, Copenhagen, 1985 (Cat.); P. K., Skulpturen und Bilder, Knoedler Zürich, 1985 (Cat.); P. K., Salzburg Bilder und sieben Skulpturen, Galerie Thaddaeus Ropac, Salzburg, 1986 (Cat.); P. K., Galerie Lelong, Zürich, 1991 (Cat.); P. K., Excursions & Expeditions, Magasin, Centre National d'Art Contemporain, Grenoble, 1992 (Cat.); P. K., Skulpturen, Arbeiten auf Papier, Städtische Galerie, Göppingen, 1992 (Cat.); Skulpturen. Galerie Lelong, Zürich, 1993; P. K., Paintings and Sculptures, National Gallery of Prague, Palais Sternberk, Prague, 1994 (Cat.); La Luz del Norte – pintura y esculptura, Galerie Kaj Forsblom, Caracas, 1995/96; P. K., Skulpturen, Terrakotten und Zeichnungen, Gerhard Marcks-Haus, Bremen und Oldenburger Kunstverein/Museum für Kunst und Kulturgeschichte, Lübeck/Städtische Museen, Heilbronn/Staatliche Galerie Moritzburg, Halle, 1997/98 (Cat.)

KP 5

Modell: Zwei Arme II /
Modell: Two Arms II, 1981

Bronze, patinated
42 × 73 × 31 cm /
16 1/2 × 28 3/4 × 12 1/4 "
Edition: 1 (Model destroyed)
Foundry: L. Jensen, Copenhagen

Exhib.: P. K., Kunstverein Braunschweig, 1984/85 (Cat.); P. K., Paintings, Sculptures, Films, Douglas Hyde Gallery, Dublin / Fruitmarket Gallery, Edinburgh, 1985 (Cat.); P. K., Skulpturer, Den Frie Udstillings bygning, Copenhagen, 1985 (Cat.); P. K., Skulpturen und Bilder, Knoedler Zürich, 1985 (Cat.); P. K., Die Bronzen, Städtische Galerie im Lenbachhaus, Munich, 1998 (Cat.)

KP 6

Modell: Zwei Arme III /
Model: Two Arms III, 1981

Bronze, patinated
36 × 43 × 18 cm / 14 1/4 × 17 × 7 "
Edition: 1 (Model destroyed)
Foundry: L. Jensen, Copenhagen /
H. Schmäke, Düsseldorf

Exhib.: P. K., Kunstverein Braunschweig, 1984/85 (Cat.); P. K., Skulpturen und Bilder, Knoedler Zürich, 1985 (Cat.); Dänische Skulptur im 20. Jahrhundert, Wilhelm-Lehmbruck-Museum, Duisburg, 1985 (Cat.); Städtisches Museum, Flensburg, 1985; P. K., Skulpturer, Den Frie Udstillings bygning, Copenhagen, 1985 (Cat.); P. K., Skulpturen, Arbeiten auf Papier, Städtische Galerie, Göppingen, 1992 (Cat.)

KP 7 *

Kopf mit Arm /
Head with Arm, 1982

Bronze, patinated
106 × 34 × 41 cm /
41 3/4 × 13 1/2 × 16 1/4 "
Edition: 1 (Model destroyed)
Foundry: L. Jensen, Copenhagen
Inscr.: –

Exhib.: Gallery Nigel Greenwood, London 1982; P. K., Skulpturen 82, Galerie Michael Werner, Cologne, 1984 (Cat.); P. K., Skulpturer, Den Frie Udstillings bygning, Copenhagen, 1985 (Cat.); P. K., Bilder und Skulpturen, Kunstverein Freiburg, 1987 (Cat.); P. K., Retrospektive, Museum Ludwig, Cologne, 1987 (Cat.); P. K., Moderna Galerija, Ljubljana / Obalne Galerije, Piran, 1993/94 (Cat.); P. K., Malerei, Skulptur, Zeichnung 1979–1997, Kunsthaus Bregenz, 1997/98 (Cat.); P. K., Die Bronzen, Städtische Galerie im Lenbachhaus, Munich, 1998 (Cat.)

KP 8 *

Arm und Kopf I /
Arm and Head I, 1982

Bronze, patinated
76 × 18 × 34 cm / 30 × 7 × 13 1/2 "
Edition: 1 (Model destroyed)
Foundry: L. Jensen, Copenhagen
Inscr.: –

Exhib.: P. K., Skulpturen 82, Galerie Michael Werner, Cologne, 1984 (Cat.); P. K., Skulpturer, Den Frie Udstillings bygning, Copenhagen, 1985 (Cat.); P. K., Bilder und Skulpturen, Kunstverein Freiburg, 1987 (Cat.); P. K., Retrospektive, Museum Ludwig, Cologne, 1987 (Cat.); P. K., Galerie Laage Salomon, Paris, 1990; P. K., Moderna Galerija, Ljubljana / Obalne Galerije, Piran, 1993/94 (Cat.); P. K., Bilder und Skulpturen, Zeche Zollverein, Essen / Barmenia Versicherungen, Wuppertal, 1997/98 (Cat.); P. K., Die Bronzen, Städtische Galerie im Lenbachhaus, Munich, 1998 (Cat.)

KP 9

Arm und Kopf II /
Arm and Head II, 1982

Bronze, patinated
69 × 27 × 36 cm / 27 1/4 × 10 3/4 × 14 1/4 "
Edition: 6 + 0
Foundry: L. Jensen, Copenhagen / H. Schmäke, Düsseldorf

Exhib.: P. K., Skulpturen 82, Galerie Michael Werner, Cologne, 1984 (Cat.); P. K., Skulpturer, Den Frie Udstillings bygning, Copenhagen, 1985 (Cat.); P. K., Bilder und Skulpturen, Kunstverein Freiburg, 1987 (Cat.); P. K., Retrospektive, Museum Ludwig, Cologne, 1987 (Cat.); P. K., Paintings and Sculptures, National Gallery of Prague, Palais Sternberk, Prague, 1994 (Cat.); P. K., Bilder und Skulpturen, Zeche Zollverein, Essen / Barmenia Versicherungen, Wuppertal, 1997/98 (Cat.)

KP 10 *

Arm und Kopf III /
Arm and Head III, 1983

Bronze, patinated
111 × 24 × 36 cm / 43 3/4 × 9 1/2 × 14 1/4 "
Edition: 6 + 0
Foundry: L. Jensen, Copenhagen / H. Schmäke, Düsseldorf
Inscr.: PK, stamped, numbered

Exhib.: P. K., Kunstverein Braunschweig, 1984/85 (Cat.); P. K., Skulpturer, Den Frie Udstillings bygning, Copenhagen, 1985 (Cat.); P. K., Skulpturen und Bilder, Knoedler Zürich, 1985 (Cat.); P. K., Bilder und Skulpturen, Kunstverein Freiburg, 1987 (Cat.); P. K., Retrospektive, Museum Ludwig, Cologne, 1987 (Cat.); P. K., Bilder und Skulpturen, Galerie Lelong, Zürich, 1989 (Cat.); P. K., Skulpturen und Druckgraphik, Galerie Meyer-Ellinger, Frankfurt/M., 1990; Das Zimmer, der Spiegel und das Fenster, Haags Gemeentemuseum, Den Haag 1993; P. K., Bilder und Skulpturen, Zeche Zollverein, Essen / Barmenia Versicherungen, Wuppertal, 1997/98 (Cat.); P. K., Die Bronzen, Städtische Galerie im Lenbachhaus, Munich, 1998 (Cat.)

KP 11 *

Arm und Kopf IV /
Arm and Head IV, 1983

Bronze, patinated
122 × 25 × 47 cm / 48 × 9 3/4 × 18 1/2 "
Edition: 6 + 0
Foundry: L. Jensen, Copenhagen /
H. Schmäke, Düsseldorf
Inscr.: PK, stamped, numbered

Exhib.: P. K., Skulpturen 82, Galerie Michael Werner, Cologne, 1984 (Cat.); P. K., Kunstverein Braunschweig, 1984/85 (Cat.); P. K., Skulpturer, Den Frie Udstillings bygning, Copenhagen, 1985 (Cat.); P. K., Skulpturen und Bilder, Knoedler Zürich, 1985 (Cat.); P. K., Salzburg Bilder und sieben Skulpturen, Galerie Thaddaeus Ropac, Salzburg, 1986 (Cat.); P. K., Bilder und Skulpturen, Kunstverein Freiburg, 1987 (Cat.); P. K., Retrospektive, Museum Ludwig, Cologne, 1987 (Cat.); P. K., Bilder und Skulpturen, Galerie Lelong, Zürich, 1989 (Cat.); Galerie Kaj Forsblom, Helsinki 1990; P. K., Gemälde, Arbeiten auf Papier, Skulpturen 1977–1990, Städtische Galerie im Städelschen Kunstinstitut, Frankfurt/M., 1990 (Cat.); P. K., Galerie Beaumont, Luxembourg, 1991 (Cat.); Das Zimmer, der Spiegel und das Fenster, Haags Gemeentemuseum, Den Haag 1993; P. K., Skulpturen, Terrakotten und Zeichnungen, Gerhard Marcks-Haus, Bremen und Oldenburger Kunstverein/Museum für Kunst und Kulturgeschichte, Lübeck/Städtische Museen, Heilbronn/Staatliche Galerie Moritzburg, Halle, 1997/98 (Cat.); P. K., Bilder und Skulpturen, Zeche Zollverein, Essen / Barmenia Versicherungen, Wuppertal, 1997/98 (Cat.); P. K., Malerei, Skulptur, Zeichnung 1979–1997, Kunsthaus Bregenz, 1997/98 (Cat.); P. K., Die Bronzen, Städtische Galerie im Lenbachhaus, Munich, 1998 (Cat.)

KP 12 *

Arm und Kopf V /
Arm and Head V, 1983

Bronze, patinated
117 × 25 × 39 cm / 46 × 9 1/2 × 15 1/4 "
Edition: 6 + 0
Foundry: L. Jensen, Copenhagen /
H. Schmäke, Düsseldorf
Inscr.: PK, stamped, numbered

Exhib.: P. K., Kunstverein Braunschweig, 1984/85 (Cat.); P. K., Skulpturer, Den Frie Udstillings bygning, Copenhagen, 1985 (Cat.); P. K., Skulpturen und Bilder, Knoedler Zürich, 1985 (Cat.); P. K., Bilder und Skulpturen, Kunstverein Freiburg, 1987 (Cat.); P. K., Retrospektive, Museum Ludwig, Cologne, 1987 (Cat.); P. K., Bilder und Skulpturen, Galerie Lelong, Zürich, 1989 (Cat.); P. K., Galerie Laage Salomon, Paris, 1990; P. K., Gemälde, Arbeiten auf Papier, Skulpturen 1977–1990, Städtische Galerie im Städelschen Kunstinstitut, Frankfurt/M., 1990 (Cat.); P. K., Paintings and Sculptures, National Gallery of Prague, Palais Sternberk, Prague 1994 (Cat.); P. K., Gemälde, Arbeiten auf Papier, Skulpturen, BAWAG Fondation, Wien, 1996 (Cat.); P. K., Bilder und Skulpturen, Zeche Zollverein, Essen / Barmenia Versicherungen, Wuppertal, 1997/98 (Cat.); P. K., Die Bronzen, Städtische Galerie im Lenbachhaus, Munich, 1998 (Cat.)

KP 13 *

Arm und Kopf VI /
Arm and Head VI, 1983

Bronze, patinated
126 × 39 × 33 cm / 49 1/2 × 15 1/4 × 13 "
Edition: 6 + 0
Foundry: L. Jensen, Copenhagen / H. Schmäke, Düsseldorf
Inscr.: PK, stamped, numbered

Exhib.: P. K., Kunstverein Braunschweig, 1984/85 (Cat.); P. K., Skulpturen und Bilder, Knoedler Zürich, 1985 (Cat.); P. K., Retrospektive, Museum Ludwig, Cologne, 1987 (Cat.); P. K., Bilder und Skulpturen, Galerie Lelong, Zürich, 1989 (Cat.); Galerie Kaj Forsblom, Helsinki, 1990; P. K., Galerie Laage Salomon, Paris 1990; P. K., 24 Paintings and Sculptures 1982–1990, Galerie Philippe Guimiot, Brussels, 1991 (Cat.); P. K., Painting and Sculpture 1980–1990, Kunstmuseet Trapholt, Kolding, 1991 (Cat.); P. K., Galerie Kaj Forsblom, Helsinki 1995; P. K., Skulpturen, Terrakotten und Zeichnungen, Gerhard Marcks-Haus, Bremen und Oldenburger Kunstverein/Museum für Kunst und Kulturgeschichte, Lübeck/Städtische Museen, Heilbronn/Staatliche Galerie Moritzburg, Halle, 1997/98 (Cat.); P. K., Bilder und Skulpturen, Zeche Zollverein, Essen / Barmenia Versicherungen, Wuppertal, 1997/98 (Cat.); P. K., Die Bronzen, Städtische Galerie im Lenbachhaus, Munich, 1998 (Cat.)

KP 14

Arm und Kopf VII /
Arm and Head VII, 1983

Bronze, patinated
76 × 18 × 36 cm / 30 × 7 × 14 1/4 "
Edition: 6 + 0
Foundry: L. Jensen, Copenhagen / H. Schmäke, Düsseldorf

Exhib.: P. K., Kunstverein Braunschweig, 1984/85 (Cat.); P. K., Skulpturen und Bilder, Knoedler Zürich, 1985 (Cat.); P. K., Retrospektive, Museum Ludwig, Cologne, 1987 (Cat.); P. K., Cleto Polcina Artemoderna, Roma, 1989; P. K., Galerie Laage Salomon, Paris 1990; P. K., Graziella Graziani. Villa Domenica, Treviso, 1990 (Cat.); P. K., Skulpturen, Terrakotten und Zeichnungen, Gerhard Marcks-Haus, Bremen und Oldenburger Kunstverein/Museum für Kunst und Kulturgeschichte, Lübeck/Städtische Museen, Heilbronn/Staatliche Galerie Moritzburg, Halle, 1997/98 (Cat.); P. K., Bilder und Skulpturen, Zeche Zollverein, Essen / Barmenia Versicherungen, Wuppertal, 1997/98 (Cat.)

KP 15 *

Arm und Kopf VIII /
Arm and Head VIII, 1983

Bronze, patinated
75 × 45 × 45 cm / 29 1/2 × 17 3/4 × 17 3/4 "
Edition: 6 + 0
Foundry: L. Jensen, Copenhagen / H. Schmäke, Düsseldorf
Inscr.: PK, stamped, numbered

Exhib.: P. K., Kunstverein Braunschweig, 1984/85 (Cat.); P. K., Bilder und Skulpturen, Galerie Ascan Crone, Hamburg, 1985; P. K., Retrospektive, Museum Ludwig, Cologne, 1987 (Cat.); P. K., Bilder und Skulpturen, Galerie Lelong, Zürich, 1989 (Cat.); Galerie Kaj Forsblom, Helsinki, 1990; P. K., Skulpturen und Druckgraphik, Galerie Meyer-Ellinger, Frankfurt/M., 1990; P. K., Paintings and Sculptures, National Gallery of Prague, Palais Sternberk, Prague 1994 (Cat.); P. K., Die Bronzen, Städtische Galerie im Lenbachhaus, Munich, 1998 (Cat.)

KP 16

Arm und Kopf IX /
Arm an Head IX, 1983

Bronze, patinated
55 × 30 × 30 cm / 21 3/4 × 11 3/4 × 11 3/4 "
Edition: 6 + 0
Foundry: L. Jensen, Copenhagen / H. Schmäke, Düsseldorf

Exhib.: P. K., Kunstverein Braunschweig, 1984/85 (Cat.); P. K., Skulpturen und Bilder, Knoedler Zürich, 1985 (Cat.); Dänische Skulptur im 20. Jahrhundert, Wilhelm-Lehmbruck-Museum, Duisburg, 1985 (Cat.); Städtisches Museum, Flensburg, 1985; P. K., Bilder und Skulpturen, Galerie Gmeiner, Stuttgart, 1987; P. K., Bilder und Skulpturen, Galerie Lelong, Zürich, 1989 (Cat.); P. K., 24 Paintings and Sculptures 1982–1990, Galerie Philippe Guimiot, Brussels, 1991 (Cat.); P. K., Skulpturen, Terrakotten und Zeichnungen, Gerhard Marcks-Haus, Bremen und Oldenburger Kunstverein/Museum für Kunst und Kulturgeschichte, Lübeck/Städtische Museen, Heilbronn/Staatliche Galerie Moritzburg, Halle, 1997/98 (Cat.)

KP 17

Arm und Kopf X /
Arm and Head X, 1983

Bronze, patinated
69 × 27 × 55 cm / 27 1/4 × 10 3/4 × 21 3/4 "
Edition: 6 + 0
Foundry: L. Jensen, Copenhagen / H. Schmäke, Düsseldorf

Exhib.: P. K., Kunstverein Braunschweig, 1984/85 (Cat.); P. K., Paintings, Sculptures, Films, Douglas Hyde Gallery, Dublin / Fruitmarket Gallery, Edinburgh, 1985 (Cat.); P. K., Skulpturer, Den Frie Udstillings bygning, Copenhagen, 1985 (Cat.); P. K., Skulpturen und Bilder, Knoedler Zürich, 1985 (Cat.); P. K., Retrospektive, Museum Ludwig, Cologne, 1987 (Cat.); P. K., Bilder und Skulpturen, Galerie Lelong, Zürich, 1989 (Cat.); P. K., Graziella Graziani. Villa Domenica, Treviso, 1990 (Cat.); P. K., Painting and Sculpture 1980–1990, Kunstmuseet Trapholt, Kolding, 1991 (Cat.); P. K., Skulpturen, Terrakotten und Zeichnungen, Gerhard Marcks-Haus, Bremen und Oldenburger Kunstverein/Museum für Kunst und Kulturgeschichte, Lübeck/Städtische Museen, Heilbronn/Staatliche Galerie Moritzburg, Halle, 1997/98 (Cat.)

KP 18 *

Arm und Kopf XI /
Arm and Head XI, 1983

Bronze, patinated
99 × 72 × 53 cm / 39 × 28 1/4 × 20 3/4 "
Edition: 6 + 0
Foundry: L. Jensen, Copenhagen / H. Schmäke, Düsseldorf
Inscr.: PK, stamped, numbered

Exhib.: P. K., Salzburg Bilder und sieben Skulpturen, Galerie Thaddaeus Ropac, Salzburg, 1986 (Cat.); P. K., Bilder und Skulpturen, Zeche Zollverein, Essen / Barmenia Versicherungen, Wuppertal, 1997/98 (Cat.); P. K., Die Bronzen, Städtische Galerie im Lenbachhaus, Munich, 1998 (Cat.)

KP 19 *
Læsø-Kopf I /
Læsø-Head I, 1983
Bronze, patinated
83 × 27 × 55 cm / 32 3/4 × 10 3/4 × 21 3/4 "
Edition: 6 + 0
Foundry: L. Jensen, Copenhagen / H. Schmäke, Düsseldorf
Inscr.: PK, stamped, numbered

Exhib.: P. K., Skulpturen 82, Galerie Michael Werner, Cologne, 1984 (Cat.); P. K., Kunstverein Braunschweig, 1984/85 (Cat.); P. K., Skulpturen und Bilder, Knoedler Zürich, 1985 (Cat.); P. K., Bilder und Skulpturen, Galerie Ascan Crone, Hamburg, 1985; P. K., Skulpturen und Druckgraphik, Galerie Meyer-Ellinger, Frankfurt/M., 1990; P. K., Göteborgs Konstmuseum, 1992 (Cat.); P. K., Neue Bilder, Masonitarbeiten und Skulpturen, Galerie Michael Werner, Cologne 1992/93; P. K., Bilder, Arbeiten auf Papier, Skulpturen 1983–1991, Galerie Springer, Berlin, 1993 (Cat.); Carnegie International, Carnegie Museum of Art, Pittsburgh, 1995/96; P. K., Skulpturen, Terrakotten und Zeichnungen, Gerhard Marcks-Haus, Bremen und Oldenburger Kunstverein/Museum für Kunst und Kulturgeschichte, Lübeck/Städtische Museen, Heilbronn/Staatliche Galerie Moritzburg, Halle, 1997/98 (Cat.); P. K., Bilder und Skulpturen, Zeche Zollverein, Essen / Barmenia Versicherungen, Wuppertal, 1997/98 (Cat.); P. K., Die Bronzen, Städtische Galerie im Lenbachhaus, Munich, 1998 (Cat.)

KP 20 *
Læsø-Kopf II /
Læsø-Head II, 1983
Bronze, patinated
91 × 43 × 40 cm / 35 3/4 × 17 × 15 3/4 "
Edition: 6 + 0
Foundry: L. Jensen, Copenhagen / H. Schmäke, Düsseldorf
Inscr.: stamped, numbered

Exhib.: P. K., Skulpturen 82, Galerie Michael Werner, Cologne, 1984 (Cat.); P. K., Kunstverein Braunschweig, 1984/85 (Cat.); P. K., Skulpturen und Bilder, Knoedler Zürich, 1985 (Cat.); P. K., Sculptures, Peintures, Galerie Gillespie Laage Salomon, Paris, 1985; P. K., Peintures, Sculptures et Modèles en Bronze, Palais des Beaux Arts, Brussels, 1988; P. K., Bilder und Skulpturen, Galerie Lelong, Zürich, 1989 (Cat.); P. K., Werke 1983–1988, Kunstmuseum Winterthur, 1989 (Cat.); P. K., Graziella Graziani. Villa Domenica, Treviso, 1990 (Cat.); P. K., 24 Paintings and Sculptures 1982–1990, Galerie Philippe Guimiot, Brussels, 1991 (Cat.); P. K., Painting and Sculpture 1980–1990, Kunstmuseet Trapholt, Kolding, 1991 (Cat.); P. K., Göteborgs Konstmuseum, 1992 (Cat.); Carnegie International, Carnegie Museum of Art, Pittsburgh, 1995/96; P. K., Bilder und Skulpturen, Zeche Zollverein, Essen / Barmenia Versicherungen, Wuppertal, 1997/98 (Cat.); P. K., Die Bronzen, Städtische Galerie im Lenbachhaus, Munich, 1998 (Cat.)

KP 21 *
Læsø-Kopf III /
Læsø-Head III, 1983
Bronze, patinated
114 × 43 × 60 cm / 45 × 17 × 23 1/2 "
Edition: 6 + 0
Foundry: H. Schmäke, Düsseldorf
Inscr.: stamped, numbered

Exhib.: P. K., Skulpturen 82, Galerie Michael Werner, Cologne, 1984 (Cat.); P. K., Kunstverein Braunschweig, 1984/85 (Cat.); P. K., Skulpturen und Bilder, Knoedler Zürich, 1985 (Cat.); P. K., Bilder und Skulpturen, Galerie Lelong, Zürich, 1989 (Cat.); Galerie Kaj Forsblom, Helsinki, 1990; P. K., Gemälde, Arbeiten auf Papier, Skulpturen 1977–1990, Städtische Galerie im Städelschen Kunstinstitut, Frankfurt/M., 1990 (Cat.); P. K., Göteborgs Konstmuseum, 1992 (Cat.); P. K., Galerie Van Mourik, Rotterdam, 1992 (Cat.); P. K., Galerie Kaj Forsblom, Helsinki, 1995; Deutsche Bildhauer der Gegenwart, Kunstverein Augsburg, 1995; Carnegie International, Carnegie Museum of Art, Pittsburgh, 1995/96; P. K., Arken Museum for Moderne Kunst, Ishöj, 1996 (Cat.); P. K., Bilder und Skulpturen, Zeche Zollverein, Essen / Barmenia Versicherungen, Wuppertal, 1997/98 (Cat.); P. K., Die Bronzen, Städtische Galerie im Lenbachhaus, Munich, 1998 (Cat.)

KP 22

Læsø-Kopf IV /

Læsø-Head IV, 1983

Bronze, patinated

66 × 32 × 25 cm / 26 × 12 1/2 × 9 3/4 "

Edition: 6 + 0

Foundry: H. Schmäke, Düsseldorf

Exhib.: P. K., Kunstverein Braunschweig, 1984/85 (Cat.); P. K., Skulpturen und Bilder, Knoedler Zürich, 1985 (Cat.); P. K., Bilder und Skulpturen, Galerie Ascan Crone, Hamburg, 1985; P. K., Mary Boone/Michael Werner Gallery, New York, 1986 (Cat.); Blickpunkte. Deutsche Kunst im 20. Jahrhundert, Galerie Neher, Essen, 1987; P. K., Bilder und Skulpturen, Galerie Gmeiner, Stuttgart, 1987; P. K., Œuvres récentes, Centre de Création Contemporain de Tours, 1987/88 (Cat.); P. K., Bilder – Skulpturen, Galerie Beaumont, Luxembourg, 1988/89 (Cat.); P. K., Cleto Polcina Artemoderna, Roma, 1989; Galerie Kaj Forsblom, Helsinki, 1990; P. K., Graziella Graziani. Villa Domenica, Treviso, 1990 (Cat.); P. K., Skulpturen und Druckgraphik, Galerie Meyer-Ellinger, Frankfurt/M., 1990; P. K., 24 Paintings and Sculptures 1982–1990, Galerie Philippe Guimiot, Brussels, 1991 (Cat.); P. K., Göteborgs Konstmuseum, 1992 (Cat.); P. K., Asger Jorn, Galerie Joachim Blüher, Cologne 1993; P. K., Galerie Kaj Forsblom, Helsinki, 1995; P. K., Skulpturen, Terrakotten und Zeichnungen, Gerhard Marcks-Haus, Bremen und Oldenburger Kunstverein/ Museum für Kunst und Kulturgeschichte, Lübeck/ Städtische Museen, Heilbronn/ Staatliche Galerie Moritzburg, Halle, 1997/98 (Cat.)

KP 23 *

Arm, 1983

Bronze, patinated

88 × 16 × 31 cm / 34 3/4 × 6 1/4 × 12 1/2 "

Edition: 6 + 0

Foundry: H. Schmäke, Düsseldorf

Inscr.: PK, stamped, numbered

Exhib.: P. K., Kunstverein Braunschweig, 1984/85 (Cat.); P. K., Paintings, Sculptures, Films, Douglas Hyde Gallery, Dublin / Fruitmarket Gallery, Edinburgh, 1985 (Cat.); P. K., Skulpturer, Den Frie Udstillings bygning, Copenhagen, 1985 (Cat.); P. K., Skulpturen und Bilder, Knoedler Zürich, 1985 (Cat.); P. K., Peintures, Sculptures et Modèles en bronze, Palais des Beaux Arts, Brussels, 1988; P. K., Werke 1983–1988, Kunstmuseum Winterthur, 1989 (Cat.); P. K., Gemälde, Arbeiten auf Papier, Skulpturen 1977–1990, Städtische Galerie im Städelschen Kunstinstitut, Frankfurt/M., 1990 (Cat.); P. K., 24 Paintings and Sculptures 1982–1990, Galerie Philippe Guimiot, Brussels, 1991 (Cat.); P. K., Tafeln, Skulpturen, Zeichnungen, Galerie Borkowski, Hannover, 1992 (Cat.); P. K., Skulpturen, Terrakotten und Zeichnungen, Gerhard Marcks-Haus, Bremen und Oldenburger Kunstverein/Museum für Kunst und Kulturgeschichte, Lübeck/Städtische Museen, Heilbronn/Staatliche Galerie Moritzburg, Halle, 1997/98 (Cat.); P. K., Bilder und

Skulpturen, Zeche Zollverein, Essen / Barmenia Versicherungen, Wuppertal, 1997/98 (Cat.); P. K., Die Bronzen, Städtische Galerie im Lenbachhaus, Munich, 1998 (Cat.)

KP 24 *

Der große Kopf mit Arm /
The Large Head with Arm, 1983

Bronze, patinated
200 × 40 × 79 cm /
78 3/4 × 15 3/4 × 31 1/4 "
Edition: 6 + 0
Foundry: H. Schmäke, Düsseldorf
Inscr.: PK

Exhib.: Skulptur im 20. Jahrhundert, Merian-Park, Basel, 1984 (Cat.); P. K., Kunstverein Braunschweig, 1984/85 (Cat.); P. K., Skulpturer, Den Frie Udstillings bygning, Copenhagen, 1985 (Cat.); P. K., Skulpturen und Bilder, Knoedler Zürich, 1985 (Cat.); Dänische Skulptur im 20. Jahrhundert, Wilhelm-Lehmbruck-Museum, Duisburg, 1985 (Cat.); Städtisches Museum, Flensburg, 1985; P. K., Recent Painting and Sculpture, Whitechapel Art Gallery, London, 1985/86 (Cat.); Raumbilder in Bronze, Kunsthalle Bielefeld, 1986 (Cat.); P. K., Retrospektive, Museum Ludwig, Cologne, 1987 (Cat.); Europe Now. Contemporary Creation in Western Europe, Museo d'Arte Contemporanea, Prato, 1988 (Cat.); Skulptur. Baselitz, Kirkeby, Penck, Lüpertz, Immendorff, Aarhus Konstmuseum, Aarhus, 1990; P. K., Malerier, tegninger, skulpturer, Galerie Riis, Oslo, 1991 (Cat.); P. K., Painting and Sculpture 1980–1990, Kunstmuseet Trapholt, Kolding, 1991 (Cat.); P. K., Göteborgs Konstmuseum, 1992 (Cat.); P. K., Ruhrfestspiele Recklinghausen, Kunsthalle Recklinghausen, 1994 (Cat.); Geschichte der Städelschule, Staatliche Hochschule für Bildende Kunst, Städelschule, Frankfurt/M., 1994/95 (Cat.); P. K., Arken Museum for Moderne Kunst, Ishøj, 1996 (Cat.); P. K., Skulpturen, Terrakotten und Zeichnungen, Gerhard Marcks-Haus, Bremen und Oldenburger Kunstverein/Museum für Kunst und Kulturgeschichte, Lübeck/Städtische Museen, Heilbronn/Staatliche Galerie Moritzburg, Halle, 1997/98 (Cat.); P. K., Die Bronzen, Städtische Galerie im Lenbachhaus, Munich, 1998 (Cat.)

KP 25 *

Zwei Arme I /

Two Arms I, 1983

Bronze, patinated

116 × 73 × 55 cm /

45 3/4 × 28 3/4 × 21 3/4 "

Edition: 6 + 0

Foundry: H. Schmäke, Düsseldorf

Inscr.: PK, stamped, numbered

Exhib.: P. K., Recent Painting and Sculpture, Whitechapel Art Gallery, London, 1985/86 (Cat.); Galerie Kaj Forsblom, Helsinki 1990; P. K., Painting and Sculpture 1980–1990, Kunstmuseet Trapholt, Kolding, 1991 (Cat.); P. K., Göteborgs Konstmuseum, 1992 (Cat.); P. K., Bilder und Skulpturen, Zeche Zollverein, Essen / Barmenia Versicherungen, Wuppertal, 1997/98 (Cat.); P. K., Malerei, Skulptur, Zeichnung 1979–1997, Kunsthaus Bregenz, 1997/98 (Cat.); P. K., Die Bronzen, Städtische Galerie im Lenbachhaus, Munich, 1998 (Cat.)

KP 26

Figur /

Figure, 1983

Bronze, patinated

211 × 49 × 68 cm / 83 × 19 1/4 × 36 3/4 "

Edition: 6 + 0

Foundry: H. Schmäke, Düsseldorf

Exhib.: P. K., Kunstverein Braunschweig, 1984/85 (Cat.); P. K., Skulpturen und Bilder, Knoedler Zürich, 1985 (Cat.); Beelden op de Berg 4, Belmonte Arboretum, Wageningen, 1985 (Cat.); P. K., Salzburg Bilder und sieben Skulpturen, Galerie Thaddaeus Ropac, Salzburg, 1986 (Cat.); Monumenta (19e Biennale), Openluchtmuseum voor Beldhouwkunst, Middelheim, Antwerpen, 1987 (Cat.); P. K., Schilderijen, Sculpturen en modellen in bronze, Haags Gemeentemuseum, Den Haag, 1988 (Cat.); Raumbilder in Bronze. Kirkeby, Lüpertz Penck, Kunsthalle Bielefeld, 1986 (Cat.); Modern Masters '89, Helsingin Taidehalli, Helsinki, 1989 (Cat.); P. K., Gemälde, Arbeiten auf Papier, Skulpturen 1977–1990, Städtische Galerie im Städelschen Kunstinstitut, Frankfurt/M., 1990 (Cat.); Figur. Ansichten von Figur in der Moderne, Städtische Galerie, Heilbronn, 1991 (Cat.); P. K., Göteborgs Konstmuseum, 1992 (Cat.); P. K., Paintings and Sculptures, National Gallery of Prague, Palais Sternberk, Prague 1994 (Cat.); P. K., Chutes ... arrêtes et memoires, Galerie Beaumont, Luxembourg, 1995; P. K., Malerei, Skulptur, Zeichnung 1979–1997, Kunsthaus Bregenz, 1997/98 (Cat.)

KP 27 *

Torso I, 1983

Bronze, patinated

201 × 130 × 58 cm /

79 1/4 × 51 1/4 × 22 3/4 "

Edition: 6 + 0

Foundry: H. Schmäke, Düsseldorf

Inscr.: PK, stamped, numbered

Exhib.: P. K., Skulpturer, Den Frie Udstillings bygning, Copenhagen, 1985 (Cat.); Promenades, Parc Lullin, Genthod, Centre d'Art Contemporain, Geneva, 1985 (Cat.); Dänische Skulptur im 20. Jahrhundert, Wilhelm-Lehmbruck-Museum, Duisburg, 1985 (Cat.); P. K., Sculptures, Peintures, Galerie Gillespie Laage Salomon, Paris 1985; Raumbilder in Bronze. Kirkeby, Lüpertz, Penck, Kunsthalle, Bielefeld, 1986 (Cat.); Monumenta (19e Biennale), Openluchtmuseum voor Beldhouwkunst, Middelheim, Antwerpen, 1987 (Cat.); P. K., Œuvres récentes, Centre de Création Contemporain de Tours, 1987/88 (Cat.); P. K., Schilderijen, Sculpturen en modellen in bronze, Haags Gemeentemuseum, Den Haag, 1988; 50th Anniversary Exhibition, Rijksmuseum Kröller-Müller, Otterlo, 1988 (Cat.); P. K., Die großen Bronzen, Architekturmodelle und Architekturzeichnungen, Galerie Mosel und Tschechow, Munich, 1989; Magiciens de la Terre, Musée national d'Art Moderne, Centre George Pompidou, Paris, 1989 (Cat.); P. K., Pinturas, esculturas, grabados y escritos, IVAM Centre del Carme,

Valencia, 1989/90 (Cat.); P. K., Gemälde, Arbeiten auf Papier, Skulpturen 1977–1990, Städtische Galerie im Städelschen Kunstinstitut, Frankfurt/M., 1990 (Cat.); P. K., Louisiana Museet, Humlebaek, 1990 (Mag.); P. K., Paintings, Sculptures, Drawings, Books, Films 1964–1990, Moderna Museet, Stockholm, 1990 (Cat.); P. K., Museet for Samtidskunst, Oslo, 1990/ 91 (Cat.); P. K., Taidemuseum, Pori, 1991 (Cat.); P. K., Göteborgs Konstmuseum, 1992 (Cat.); P. K., The Inferno Series, Recent Paintings, Laura Carpenter Fine Art, Santa Fé, 1993 (Cat.); P. K., Ruhrfestspiele Recklinghausen, Kunsthalle Recklinghausen, 1994 (Cat.); P. K., Paintings and Sculptures, National Gallery of Prague, Palais Sternberk, Prague 1994 (Cat.); P. K., Skulpturen, Openluchtmuseum voor Beeldhouwkunst Middelheim, Antwerpen, 1995; Art Meets, Udstillings bygningen ved Charlottenborg, Copenhagen, 1996; P. K., Skulpturen, Terrakotten und Zeichnungen, Gerhard Marcks-Haus, Bremen und Oldenburger Kunstverein/ Museum für Kunst und Kulturgeschichte, Lübeck/Städtische Museen, Heilbronn/ Staatliche Galerie Moritzburg, Halle, 1997/98 (Cat.); P. K., Malerei, Skulptur, Zeichnung 1979–1997, Kunsthaus Bregenz, 1997/98 (Cat.); P. K., Tate Gallery, London, 1998 (Cat.); P. K., Die Bronzen, Städtische Galerie im Lenbachhaus, Munich, 1998 (Cat.)

KP 28 *
Torso II, 1983
Bronze, patinated
196 × 122 × 48 cm / 77 1/4 × 48 × 19 "
Edition: 6 + 0
Foundry: H. Schmäke, Düsseldorf
Inscr.: PK, stamped, numbered

Exhib.: P. K., Skulpturer, Den Frie Udstillings bygning, Copenhagen, 1985 (Cat.); P. K., Skulpturen und Bilder, Knoedler Zürich, 1985 (Cat.); P. K., Recent Painting and Sculpture, Whitechapel Art Gallery, London, 1985/86 (Cat.); Raumbilder in Bronze. Kirkeby, Lüpertz, Penck, Kunsthalle, Bielefeld, 1986 (Cat.); 50th Anniversary Exhibition, Rijksmuseum Kröller-Müller, Otterlo, 1988 (Cat.); P. K., Die großen Bronzen, Architekturmodelle und Architekturzeichnungen, Galerie Mosel und Tschechow, Munich, 1989; Magiciens de la Terre, Musée national d'Art Moderne, Centre George Pompidou, Paris, 1989 (Cat.); P. K., Pinturas, esculturas, grabados y escritos, IVAM Centre del Carme, Valencia, 1989/90 (Cat.); P. K., Gemälde, Arbeiten auf Papier, Skulpturen 1977–1990, Städtische Galerie im Städelschen Kunstinstitut, Frankfurt/M., 1990 (Cat.); P. K., Louisiana Museet, Humlebaek, 1990 (Mag.); P. K., Paintings, Sculptures, Drawings, Books, Films 1964–1990, Moderna Museet, Stockholm, 1990 (Cat.); P. K., Museet for Samtidskunst, Oslo, 1990/91 (Cat.); P. K., Taidemuseum, Pori, 1991 (Cat.); P. K., Göteborgs Konstmuseum, 1992 (Cat.); P. K., Ruhrfestspiele Recklinghausen, Kunsthalle Recklinghausen, 1994 (Cat.); P. K., Paintings and Sculptures, National Gallery of Prague, Palais Sternberk, Prague 1994 (Cat.); P. K., Galerie Kaj Forsblom, Helsinki, 1995; P. K., Skulpturen, Openluchtmuseum voor Beeldhouwkunst Middelheim, Antwerpen, 1995; Art Meets, Udstillings bygningen ved Charlottenborg, Copenhagen, 1996; P. K., Skulpturen, Terrakotten und Zeichnungen, Gerhard Marcks-Haus, Bremen und Oldenburger Kunstverein/Museum für Kunst und Kulturgeschichte, Lübeck/Städtische Museen, Heilbronn/Staatliche Galerie Moritzburg, Halle, 1997/98 (Cat.); P. K., Malerei, Skulptur, Zeichnung 1979–1997, Kunsthaus Bregenz, 1997/98 (Cat.); P. K., Tate Gallery, London, 1998 (Cat.); P. K., Die Bronzen, Städtische Galerie im Lenbachhaus, Munich, 1998 (Cat.)

KP 29 *
Zwei Arme II /
Two Arms II, 1984
Bronze, patinated
77 × 86 × 89 cm / 30 1/4 × 33 3/4 × 35 "
Edition: 6 + 0
Foundry: H. Schmäke, Düsseldorf

Exhib.: P. K., Skulpturer, Den Frie Udstillings bygning, Copenhagen, 1985 (Cat.); P. K., Recent Painting and Sculpture, Whitechapel Art Gallery, London, 1985/86 (Cat.); P. K., Gemälde, Arbeiten auf Papier, Skulpturen 1977–1990, Städtische Galerie im Städelschen Kunstinstitut, Frankfurt/M., 1990 (Cat.); P. K., Göteborgs Konstmuseum, 1992 (Cat.); P. K., Galerie Van Mourik, Rotterdam, 1992 (Cat.); Skulpturen, Galerie Lelong, Zürich, 1993; P. K., Galerie Kaj Forsblom, Helsinki, 1995; Carnegie International, Carnegie Museum of Art, Pittsburgh, 1995/96; P. K., Tate Gallery, London, 1998 (Cat.); P. K., Die Bronzen, Städtische Galerie im Lenbachhaus, Munich, 1998 (Cat.)

KP 30 *
Arm und Kopf XII /
Arm and Head XII, 1984
Bronze, patinated
30 × 24 × 11 cm / 11 3/4 × 9 1/2 × 4 1/4 "
Edition: 6 + 0
Foundry: L. Jensen, Copenhagen
Inscr.: PK, stamped, numbered

Exhib.: P. K., Salzburg Bilder und sieben Skulpturen, Galerie Thaddaeus Ropac, Salzburg, 1986 (Cat.); P. K., Arbeiten auf Papier, Druckgrafik, Bronzeplastiken, Galerie Brigitte Wetter, Stuttgart, 1987; P. K., Skulpturen und Druckgraphik, Galerie Meyer-Ellinger, Frankfurt/M., 1990; Galerie Biedermann, Munich, 1990; P. K., Göteborgs Konstmuseum, 1992 (Cat.); P. K., Paintings and Sculptures, National Gallery of Prague, Palais Sternberk, Prague 1994 (Cat.); P. K., Die Bronzen, Städtische Galerie im Lenbachhaus, Munich, 1998 (Cat.)

KP 31 *

Arm und Kopf XIII /
Arm and Head XIII, 1984

Bronze, patinated
55 × 26 × 16 cm /
21 3/4 × 10 1/4 × 6 1/4 "
Edition: 6 + 0
Foundry: L. Jensen, Copenhagen
Inscr.: stamped

Exhib.: P. K., Galerie Laage Salomon, Paris, 1990; P. K., 24 Paintings and Sculptures, Galerie Philippe Guimiot 1982–1990, Brussels, 1991 (Cat.); Korrespondenzen, Galerie Michael Werner, Cologne, 1992; P. K., Tafeln, Skulpturen, Zeichnungen, Galerie Borkowski, Hannover, 1992 (Cat.); P. K., Skulpturen, Openluchtmuseum voor Beeldhouwkunst Middelheim, Antwerpen, 1995; La Luz del Norte – pintura y esculptura, Galerie Kaj Forsblom, Caracas, 1995/96; P. K., Skulpturen, Terrakotten und Zeichnungen, Gerhard Marcks-Haus, Bremen und Oldenburger Kunstverein/Museum für Kunst und Kulturgeschichte, Lübeck/Städtische Museen, Heilbronn/Staatliche Galerie Moritzburg, Halle, 1997/98 (Cat.); P. K., Die Bronzen, Städtische Galerie im Lenbachhaus, Munich, 1998 (Cat.)

KP 32 *

Große Nase /
Large Nose, 1984

Bronze, patinated
64 × 67 × 37 cm /
25 1/4 × 26 1/2 × 14 1/2 "
Edition: 6 + 0
Foundry: L. Jensen, Copenhagen
Inscr.: numbered

Exhib.: P. K., Skulpturer, Den Frie Udstillings bygning, Copenhagen, 1985 (Cat.); P. K., Recent Painting and Sculpture, Whitechapel Art Gallery, London, 1985/86 (Cat.); P. K., Gemälde, Arbeiten auf Papier, Skulpturen 1977–1990, Städtische Galerie im Städelschen Kunstinstitut, Frankfurt/M., 1990 (Cat.); Skulpturen, Galerie Lelong, Zürich, 1993; P. K., Chutes ... arrêtes et memoires, Galerie Beaumont, Luxembourg, 1995; P. K., Skulpturen, Openluchtmuseum voor Beeldhouwkunst Middelheim, Antwerpen, 1995; P. K., Tate Gallery, London, 1998 (Cat.); P. K., Die Bronzen, Städtische Galerie im Lenbachhaus, Munich, 1998 (Cat.)

KP 33 *

Neuer Læsø-Kopf /
New Læsø-Head, 1984

Bronze, patinated
115 × 47 × 61 cm / 45 1/4 × 18 1/2 × 24 "
Edition: 6 + 0
Foundry: L. Jensen, Copenhagen
Inscr.: stamped, numbered

Exhib.: P. K., Recent Painting and Sculpture, Whitechapel Art Gallery, London, 1985/86 (Cat.); Galerie Kaj Forsblom, Helsinki 1990; Skulptur. Baselitz, Kirkeby, Penck, Lüpertz, Immendorff, Aarhus Konstmuseum, Aarhus, 1990; P. K., Arken Museum for Moderne Kunst, Ishøj, 1996 (Cat.); P. K., Skulpturen, Terrakotten und Zeichnungen, Gerhard Marcks-Haus, Bremen und Oldenburger Kunstverein/Museum für Kunst und Kulturgeschichte, Lübeck/Städtische Museen, Heilbronn/Staatliche Galerie Moritzburg, Halle, 1997/98 (Cat.); P. K., Bilder und Skulpturen, Zeche Zollverein, Essen / Barmenia Versicherungen, Wuppertal, 1997/98 (Cat.); P. K., Die Bronzen, Städtische Galerie im Lenbachhaus, Munich, 1998 (Cat.)

KP 34 *
Kopf und Arm: Tor /
Head and Arm: Gate, 1984
Bronze, patinated
85 × 67 × 76 cm / 33 1/2 × 26 1/2 × 30"
Edition: 6 + 0
Foundry: H. Schmäke, Düsseldorf
Inscr.: numbered

Exhib.: P. K., Recent Painting and Sculpture, Whitechapel Art Gallery, London, 1985/86 (Cat.); P. K., Bilder – Skulpturen, Galerie Beaumont, Luxembourg, 1988/89 (Cat.); Galerie Kaj Forsblom, Helsinki 1990; P. K., Gemälde, Arbeiten auf Papier, Skulpturen 1977–1990, Städtische Galerie im Städelschen Kunstinstitut, Frankfurt/M., 1990 (Cat.); P. K., Painting and Sculpture 1980–1990, Kunstmuseet Trapholt, Kolding, 1991 (Cat.); P. K., Pinturas y Esculturas, Gamarra y Garrigues, Madrid, 1991 (Cat.); P. K., Ars Fennica, Kaupungin Taidmuso, Helsinki/Wäinö Aaltosen Museo, Turku/Mikkelin Taidemuseio, Mikkeli, 1993/94 (Cat.); P. K., Skulpturen, Openluchtmuseum voor Beeldhouwkunst Middelheim, Antwerpen, 1995; P. K., Tate Gallery, London, 1998 (Cat.); P. K., Die Bronzen, Städtische Galerie im Lenbachhaus, Munich, 1998 (Cat.)

KP 35 *
Großer Kopf /
Large Head, 1984
Bronze, patinated
97 × 93 × 69 cm /
18 1/4 × 36 1/2 × 27 1/4"
Edition: 6 + 0
Foundry: H. Schmäke, Düsseldorf

Exhib.: P. K., Recent Painting and Sculpture, Whitechapel Art Gallery, London, 1985/86 (Cat.); P. K., Œuvres récentes, Centre de Création Contemporain de Tours, 1987/88 (Cat.); P. K., 24 Paintings and Sculptures, Galerie Philippe Guimiot 1982–1990, Brussels, 1991 (Cat.); P. K., Pinturas y Esculturas, Gamarra y Garrigues, Madrid, 1991 (Cat.); P. K., Neue Bilder, Masonitarbeiten und Skulpturen, Galerie Michael Werner, Cologne, 1992/93; P. K., The Inferno Series, Recent Paintings, Laura Carpenter Fine Art, Santa Fé, 1993 (Cat.); P. K., Bilder, Arbeiten auf Papier, Skulpturen 1983–1991, Galerie Springer, Berlin, 1993 (Cat.); P. K., Ars Fennica, Kaupungin Taidmuso, Helsinki/Wäinö Aaltosen Museo, Turku/Mikkelin Taidemuseio, Mikkeli, 1993/94 (Cat.); P. K., Skulpturen, Openluchtmuseum voor Beeldhouwkunst Middelheim, Antwerpen, 1995; Carnegie International, Carnegie Museum of Art, Pittsburgh, 1995/96; La Luz del Norte – pintura y esculptura, Galerie Kaj Forsblom, Caracas, 1995/96; P. K., Tate Gallery, London, 1998 (Cat.); P. K., Die Bronzen, Städtische Galerie im Lenbachhaus, Munich, 1998 (Cat.)

KP 36
Zwei Arme III /
Two Arms III, 1985
Bronze, patinated
55 × 28 × 76 cm / 21 3/4 × 11 × 30"
Edition: 6 + 0
Foundry: H. Schmäke, Düsseldorf

Exhib.: P. K., Peintures, Sculptures et Modèles en Bronze, Palais des Beaux Arts, Brussels, 1988; P. K., Werke 1983–1988, Kunstmuseum Winterthur, 1989 (Cat.)

KP 37

Kopf und Gegenstand / Head and Object, 1985

Bronze, patinated
60 × 40 × 62 cm / 23 1/2 × 15 3/4 × 24 1/2 "
Edition: 6 + 0
Foundry: H. Schmäke, Düsseldorf

Exhib.: P. K., Werke 1983–1988, Kunstmuseum Winterthur, 1989 (Cat.); P. K., Gemälde, Arbeiten auf Papier, Skulpturen 1977–1990, Städtische Galerie im Städelschen Kunstinstitut, Frankfurt/M., 1990 (Cat.); P. K., Paintings and Sculptures, National Gallery of Prague, Palais Sternberk, Prag, 1994 (Cat.)

KP 38

Zwei Arme IV / Two Arms IV, 1985

Bronze, patinated
47 × 12 × 38 cm / 18 1/2 × 4 3/4 × 15 "
Edition: 6 + 0
Foundry: L. Jensen, Copenhagen

Exhib.: P. K., Arbeiten auf Papier, Druckgrafik, Bronzeplastiken, Galerie Brigitte Wetter, Stuttgart, 1987; P. K., 24 Paintings and Sculptures, Galerie Philippe Guimiot 1982–1990, Brussels, 1991 (Cat.); P. K., Tafeln, Skulpturen, Zeichnungen, Galerie Borkowski, Hannover, 1992 (Cat.); P. K., Galerie Michael Schlieper, Hagen, 1992; P. K., Galerie Kaj Forsblom, Helsinki 1995; P. K., Arken Museum for Moderne Kunst, Ishøj, 1996 (Cat.); P. K., Restlandschaft, Städtische Kunstsammlungen, Augsburg, 1998 (Cat.)

KP 39 *

Arm und Kopf XIV / Arm and Head XIV, 1985

Bronze, patinated
22 × 7 × 9 cm / 8 3/4 × 2 3/4 × 3 1/2 "
Edition: 6 + 0
Foundry: L. Jensen, Copenhagen
Inscr.: –

Exhib.: Galerie Biedermann, Munich, 1990; P. K., Malerier, tegninger, skulpturer, Galerie Riis, Oslo, 1991 (Cat.); P. K., Galerie Michael Schlieper, Hagen, 1992; Scultptures and Drawings – Five Artists of the Gallery, Michael Werner Gallery, New York, 1993; P. K., The Inferno Series, Recent Paintings, Laura Carpenter Fine Art, Santa Fé, 1993 (Cat.); P. K., Skulpturen, Openluchtmuseum voor Beeldhouwkunst Middelheim, Antwerpen, 1995; P. K., Skulpturen, Terrakotten und Zeichnungen, Gerhard Marcks-Haus, Bremen und Oldenburger Kunstverein/Museum für Kunst und Kulturgeschichte, Lübeck/Städtische Museen, Heilbronn/Staatliche Galerie Moritzburg, Halle, 1997/98 (Cat.); P. K., Die Bronzen, Städtische Galerie im Lenbachhaus, Munich, 1998 (Cat.)

KP 40
Arm und Kopf XV /
Arm and Head XV, 1985
Bronze, patinated
32 × 12 × 24 cm / 12 1/2 × 4 3/4 × 9 1/2 "
Edition: 6 + 0
Foundry: L. Jensen, Copenhagen

Exhib.: Accrochage, Galerie Michael Werner, Cologne, 1990; Galerie Biedermann, Munich, 1990; P. K., Malerier, tegninger, skulpturer, Galerie Riis, Oslo, 1991 (Cat.); P. K., Pinturas y Esculturas, Gamarra y Garrigues, Madrid, 1991 (Cat.); P. K., Galerie Van Mourik, Rotterdam, 1992; P. K., The Inferno Series, Recent Paintings, Laura Carpenter Fine Art, Santa Fé, 1993 (Cat.); P. K., Skulpturen, Openluchtmuseum voor Beeldhouwkunst Middelheim, Antwerpen, 1995; P. K., Restlandschaft, Städtische Kunstsammlungen, Augsburg, 1998 (Cat.)

KP 41 *
Kopf und Arm I /
Head and Arm I, 1985
Bronze, patinated
52 × 10 × 32 cm / 20 1/2 × 4 × 12 1/2 "
Edition: 6 + 0
Foundry: L. Jensen, Copenhagen
Inscr.: stamped, numbered

Exhib.: Accrochage, Galerie Michael Werner, Cologne, 1988; P. K., Bilder – Skulpturen, Galerie Beaumont, Luxembourg, 1988/89 (Cat.); P. K., Galerie Laage Salomon, Paris, 1990; P. K., Malerier, tegninger, skulpturer, Galerie Riis, Oslo, 1991 (Cat.); P. K., Galerie Van Mourik, Rotterdam, 1992; P. K., Asger Jorn, Galerie Joachim Blüher, Cologne, 1993; P. K., Skulpturen, Openluchtmuseum voor Beeldhouwkunst Middelheim, Antwerpen, 1995; P. K., Skulpturen, Terrakotten und Zeichnungen, Gerhard Marcks-Haus, Bremen und Oldenburger Kunstverein/Museum für Kunst und Kulturgeschichte, Lübeck/Städtische Museen, Heilbronn/Staatliche Galerie Moritzburg, Halle, 1997/98 (Cat.); P. K., Die Bronzen, Städtische Galerie im Lenbachhaus, Munich, 1998 (Cat.)

KP 42 *
Kopf ohne Arm II /
Head without Arm II, 1985
Bronze, patinated
44 × 16 × 31 cm / 17 1/4 × 6 1/4 × 12 1/4 "
Edition: 6 + 0
Foundry: L. Jensen, Copenhagen
Inscr.: stamped, numbered

Exhib.: P. K., Skulpturen und Druckgraphik, Galerie Meyer-Ellinger, Frankfurt/M., 1990; P. K., Malerier, tegninger, skulpturer, Galerie Riis, Oslo, 1991 (Cat.); P. K., Pinturas y Esculturas, Gamarra y Garrigues, Madrid, 1991 (Cat.); P. K., Tafeln, Skulpturen, Zeichnungen, Galerie Borkowski, Hannover, 1992 (Cat.); P. K., Galerie Michael Schlieper, Hagen, 1992; P. K., Skulpturen, Openluchtmuseum voor Beeldhouwkunst Middelheim, Antwerpen, 1995; P. K., Skulpturen, Terrakotten und Zeichnungen, Gerhard Marcks-Haus, Bremen und Oldenburger Kunstverein/Museum für Kunst und Kulturgeschichte, Lübeck/Städtische Museen, Heilbronn/Staatliche Galerie Moritzburg, Halle, 1997/98 (Cat.); P. K., Die Bronzen, Städtische Galerie im Lenbachhaus, Munich, 1998 (Cat.)

KP 43
Stehender Kopf /
Standing Head, 1986
Bronze, patinated
205 × 45 × 70 cm /
80 3/4 × 17 3/4 × 27 1/2 "
Edition: 6 + 0
Foundry: H. Schmäke, Düsseldorf

Exhib.: P. K., Gemälde, Arbeiten auf Papier, Skulpturen 1977–1990, Städtische Galerie im Städelschen Kunstinstitut, Frankfurt/M., 1990 (Cat.); P. K., Galerie Beaumont, Luxembourg, 1991 (Cat.); P. K., Skulpturen, Terrakotten und Zeichnungen, Gerhard Marcks-Haus, Bremen und Oldenburger Kunstverein/Museum für Kunst und Kulturgeschichte, Lübeck/Städtische Museen, Heilbronn/Staatliche Galerie Moritzburg, Halle, 1997/98 (Cat.); P. K., Malerei, Skulptur, Zeichnung 1979–1997, Kunsthaus Bregenz, 1997/98 (Cat.)

KP 44 *
Liegender Arm-Kopf /
Lying Arm-Head, 1986
Bronze, patinated
50 × 70 x 40 cm /
19 3/4 × 27 1/2 × 15 3/4 "
Edition: 6 + 0
Foundry: H. Schmäke, Düsseldorf
Inscr.: PK, stamped, numbered

Exhib.: Accrochage, Galerie Michael Werner, Köln, 1988; P. K., Peintures, Sculptures et Modèles en bronze, Palais des Beaux Arts, Brussels, 1988; P. K., Werke 1983–1988, Kunstmuseum Winterthur (Cat.); P. K., Skulpturen und Druckgraphik, Galerie Meyer-Ellinger, Frankfurt/Main, 1990; P. K., Pinturas y Esculturas, Gamarra Garrigues, Madrid, 1991 (Cat.); P. K., Tafeln, Skulpturen, Zeichnungen, Galerie Borkowski, Hannover, 1992 (Cat.); P. K., The Inferno Series, Recent Paintings, Laura Carpenter Fine Arts, Santa Fé, 1993; P. K., Ars Fennica, Kaupungin Taidmuso, Helsinki/Wäinö Aaltosen Museo, Turku/Mikkelin Taidemuseio, Mikkeli, 1993/94 (Cat.); P. K., Die Bronzen, Städtische Galerie im Lenbachhaus, Munich, 1998 (Cat.)

KP 45 *
Kopf-Kopf /
Head-Head, 1986
Bronze, patinated
110 × 80 × 80 cm /
43 1/4 × 31 1/2 × 31 1/2 "
Edition: 6 + 0
Foundry: H. Schmäke, Düsseldorf
Inscr.: PK, stamped, numbered

Exhib.: Kopf-Ansichten. Malerei und Plastik der 80er Jahre, Städtisches Museum Heilbronn, 1992/93 (Cat.); P. K., Ars Fennica, Kaupungin Taidmuso, Helsinki/Wäinö Aaltosen Museo, Turku/Mikkelin Taidemuseio, Mikkeli, 1993/94 (Cat.); P. K., Paintings and Sculptures, National Gallery of Prague, Palais Sternberk, Prag, 1994 (Cat.); P. K., Skulpturen, Openluchtmuseum voor Beeldhouwkunst Middelheim, Antwerpen, 1995; P. K., Die Bronzen, Städtische Galerie im Lenbachhaus, Munich, 1998 (Cat.)

KP 46 *
Tor-Kopf /
Gate-Head, 1986
Bronze, patinated
40 × 40 × 30 cm /
15 3/4 × 15 3/4 × 11 3/4 "
Edition: 6 + 0
Foundry: H. Schmäke, Düsseldorf

Exhib.: P. K., Galerie Laage Salomon, Paris, 1990; P. K., Pinturas y Esculturas, Gamarra Garrigues, Madrid, 1991 (Cat.); P. K., Tafeln, Skulpturen, Zeichnungen, Galerie Borkowski, Hannover, 1992 (Cat.); Skulpturen, Galerie Lelong, Zürich, 1993; P. K., Ars Fennica, Kaupungin Taidmuso, Helsinki/Wäinö Aaltosen Museo, Turku/Mikkelin Taidemuseio, Mikkeli, 1993/94 (Cat.); P. K., Galerie Kaj Forsblom, Helsinki, 1995; P. K., Skulpturen, Openluchtmuseum voor Beeldhouwkunst Middelheim, Antwerpen, 1995; P. K., Die Bronzen, Städtische Galerie im Lenbachhaus, Munich, 1998 (Cat.)

KP 47 *
Tor I /
Gate I, 1987
Bronze, patinated
220 × 150 × 75 cm /
86 1/2 × 59 × 29 1/2 "
Edition: 6 + 0
Foundry: H. Schmäke, Düsseldorf
Inscr.: PK, stamped, numbered

Exhib.: Monumenta (19e Biennale), Openluchtmuseum voor Beeldhouwkunst, Middelheim, Antwerpen, 1987 (Cat.); P. K., Œuvres récentes, Centre de Création Contemporain de Tours, 1987/88 (Cat.); Standing Sculpture, Castello di Rivoli, Turin, 1987/88 (Cat.); P. K., Schilderijen, Sculpturen en modellen in bronze, Haags Gemeentemuseum, Den Haag, 1988 (Cat.); 50th Anniversary Exhibition, Rijksmuseum Kröller-Müller, Otterlo, 1988 (Cat.); P. K., Die großen Bronzen, Architekturmodelle und Architekturzeichnungen, Galerie Mosel und Tschechow, Munich, 1989; P. K., Bilder und Skulpturen, Galerie Lelong, Zürich, 1989 (Cat.); Magiciens de la Terre, Musée national d'Art Moderne, Centre George Pompidou, Paris, 1989 (Cat.); P. K., Pinturas, esculturas, grabados y escritos, IVAM Centre del Carme, Valencia, 1989/90 (Cat.); P. K., Gemälde, Arbeiten auf Papier, Skulpturen 1977–1990, Städtische Galerie im Städelschen Kunstinstitut, Frankfurt/M., 1990 (Cat.); P. K., Louisiana Museet, Humlebaek, 1990 (Mag.); P. K., Paintings, Sculptures, Drawings, Books, Films 1964–1990, Moderna Museet, Stockholm, 1990 (Cat.); P. K., Museet for Samtidskunst, Oslo, 1990/91 (Cat.); P. K., Taidemuseum, Pori, 1991 (Cat.); P. K., Galerie Lelong, Zürich, 1991; P. K., Galerie Beaumont, Luxembourg, 1991 (Cat.); P. K., Göteborgs Konstmuseum, 1992 (Cat.); P. K., Paintings and Sculptures, National Gallery of Prague, Palais Sternberk, Prague, 1994 (Cat.); P. K., Skulpturen, Openluchtmuseum voor Beeldhouwkunst Middelheim, Antwerpen, 1995; P. K., Skulpturen, Terrakotten und Zeichnungen, Gerhard Marcks-Haus, Bremen und Oldenburger Kunstverein/Museum für Kunst und Kulturgeschichte, Lübeck/Städtische Museen, Heilbronn/Staatliche Galerie Moritzburg, Halle, 1997/98 (Cat.); P. K., Tate Gallery, London, 1998 (Cat.); P. K., Die Bronzen, Städtische Galerie im Lenbachhaus, Munich, 1998 (Cat.)

KP 48 *

Tor II /

Gate II, 1987

Bronze, patinated

240 × 170 × 60 cm /

94 1/2 × 67 × 23 1/2"

Edition: 6 + 0

Foundry: H. Schmäke, Düsseldorf

Inscr.: PK, stamped, numbered

Exhib.: P. K., Schilderijen, Sculpturen en modellen in bronze, Haags Gemeentemuseum, Den Haag, 1988 (Cat.); P. K., Die großen Bronzen, Architekturmodelle und Architekturzeichnungen, Galerie Mosel und Tschechow, Munich, 1989 Magiciens de la Terre, Musée national d'Art Moderne, Centre George Pompidou, Paris, 1989 (Cat.); P. K., Pinturas, esculturas, grabados y escritos, IVAM Centre del Carme, Valencia, 1989/90 (Cat.); P. K., Gemälde, Arbeiten auf Papier, Skulpturen 1977–1990, Städtische Galerie im Städelschen Kunstinstitut, Frankfurt/M., 1990 (Cat.); P. K., Excursions & Expeditions, Magasin – Centre National d'Art Contemporain, Grenoble, 1992 (Cat.); P. K., Göteborgs Konstmuseum, 1992 (Cat.); P. K., Paintings and Sculptures, National Gallery of Prague, Palais Sternberk, Prague, 1994 (Cat.); P. K., Skulpturen, Openluchtmuseum voor Beeldhouwkunst Middelheim, Antwerpen, 1995; P. K., Skulpturen, Terrakotten und Zeichnungen, Gerhard Marcks-Haus, Bremen und Oldenburger Kunstverein/Museum für Kunst und Kulturgeschichte, Lübeck/Städtische Museen, Heilbronn/Staatliche Galerie Moritzburg, Halle, 1997/98 (Cat.); P. K., Tate Gallery, London, 1998 (Cat.); P. K., Die Bronzen, Städtische Galerie im Lenbachhaus, Munich, 1998 (Cat.)

KP 49

Arm mit Kopf und Kapitel /

Arm with Head and Capital, 1987

Bronze, patinated

44 × 23 × 11 cm / 17 1/4 × 9 × 4 1/4"

Edition: 1

Foundry: L. Jensen, Copenhagen

Exhib.: documenta IX, Museum Fridericianum, Kassel, 1992 (Cat.)

KP 50
Ohne Titel /
Untitled, 1987
Bronze, patinated
187 × 48 × 80 cm/ 73 1/2 × 19 × 31 1/2 "
Edition: 1
Foundry: L. Jensen, Copenhagen

Installation: Gentofte Hovedbibliotek, Hellerup, Denmark

KP 51
Ohne Titel /
Untitled, 1987
Bronze, patinated
200 × 50 × 60 cm /
78 3/4 × 19 3/4 × 23 1/4 "
Edition: 1
Foundry: L. Jensen, Copenhagen

Installation: Gentofte Hovedbibliotek, Hellerup, Denmark

KP 52
Ohne Titel /
Untitled, 1987
Bronze, patinated
203 × 26 × 70 cm /
80 × 10 1/4 × 27 1/2 "
Edition: 1
Foundry: L. Jensen, Copenhagen

Installation: Gentofte Hovedbibliotek, Hellerup, Denmark

KP 53
Ohne Titel /
Untitled, 1987
Bronze, patinated
113 × 34 × 65 cm /
44 1/2 × 13 1/2 × 25 1/2 "
Edition: 1
Foundry: L. Jensen, Copenhagen

Installation: Gentofte Hovedbibliotek, Hellerup, Denmark

KP 54 *
Torso-Ast /
Torso-Branch, 1988
Bronze, patinated
220 × 144 × 60 cm /
86 1/2 × 56 3/4 × 23 1/2 "
Edition: 6 + 0
Foundry: H. Schmäke, Düsseldorf
Inscr.: PK, stamped, numbered

Exhib.: P. K., Die großen Bronzen, Architekturmodelle und Architekturzeichnungen, Galerie Mosel und Tschechow, Munich, 1989; Skulptur. Baselitz, Kirkeby, Penck, Lüpertz, Immendorff, Aarhus Konstmuseum, Aarhus, 1990; P. K., Galerie Beaumont, Luxembourg, 1991 (Cat.); P. K., Göteborgs Konstmuseum, 1992 (Cat.); P. K., Ruhrfestspiele Recklinghausen, Kunsthalle Recklinghausen, 1994 (Cat.); P. K., Skulpturen, Openluchtmuseum voor Beeldhouwkunst Middelheim, Antwerpen, 1995; P. K., Arken Museum for Moderne Kunst, Ishøj, 1996 (Cat.); P. K., Tate Gallery, London, 1998 (Cat.); P. K., Die Bronzen, Städtische Galerie im Lenbachhaus, Munich, 1998 (Cat.)

KP 55 *
Torso-Ausläufer /
Torso-Offshoot, 1988
Bronze, patinated
220 × 160 × 150 cm / 86 1/2 × 63 × 59 "
Edition: 6 + 0
Foundry: H. Schmäke, Düsseldorf
Inscr.: PK, stamped, numbered

Exhib.: P. K., Die großen Bronzen, Architekturmodelle und Architekturzeichnungen, Galerie Mosel und Tschechow, Munich, 1989; IVAM Centre del Carme, Valencia, 1989/90 (Cat.); Skulptur. Baselitz, Kirkeby, Penck, Lüpertz, Immendorff, Aarhus Konstmuseum, Aarhus, 1990; P. K., Göteborgs Konstmuseum, 1992 (Cat.); Art-Union-Europe, Zappeion Hall, Athens/Macedonian Museum of Modern Art, Thessaloniki/New Castle of Kerkyra, Corfu, 1994; P. K., Skulpturen, Openluchtmuseum voor Beeldhouwkunst Middelheim, Antwerpen, 1995; P. K., Skulpturen, Terrakotten und Zeichnungen, Gerhard Marcks-Haus, Bremen und Oldenburger Kunstverein/Museum für Kunst und Kulturgeschichte, Lübeck/Städtische Museen, Heilbronn/Staatliche Galerie Moritzburg, Halle, 1997/98 (Cat.); P. K., Tate Gallery, London, 1998 (Cat.); P. K., Die Bronzen, Städtische Galerie im Lenbachhaus, Munich, 1998 (Cat.)

KP 56 *

Ohne Titel (Herakles)/
Untitled (Herakles), 1991/92

Bronze, patinated
370 x 230 x 80 cm /
145 3/4 x 90 1/2 x 31 1/2 "
Edition: 3 + 0
Foundry: H. Schmäke, Düsseldorf
Inscr.: PK, stamped, numbered

Exhib.: P. K., Skulpturen, Openluchtmuseum voor Beeldhouwkunst Middelheim, Antwerpen, 1995; P. K., Tate Gallery, London, 1998 (Cat.); P. K., Die Bronzen, Städtische Galerie im Lenbachhaus, Munich, 1998 (Cat.)

KP 57 *

Kopf zu Hause I /
Head at Home I, 1991/92

Bronze, patinated
28 x 28 x 17 cm / 11 x 11 x 6 3/4 "
Edition: 6 + 0
Foundry: H. Schmäke, Düsseldorf
Inscr.: PK, stamped, numbered

Exhib.: P. K., Göteborgs Konstmuseum, 1992 (Cat.); P. K., Neue Bilder und Zeichnungen, Galerie Michael Werner, Köln, 1992/93; P. K., Skulpturen, Openluchtmuseum voor Beeldhouwkunst Middelheim, Antwerpen, 1995; La Luz del Norte – Pintura y Esculptura, Galerie Kaj Forsblom, Caracas, 1995/96; P. K., Malerier og Skulpturer, Gallerie Riis, Oslo, 1997; P. K., Skulpturen, Terrakotten und Zeichnungen, Gerhard Marcks-Haus, Bremen und Oldenburger Kunstverein/Museum für Kunst und Kulturgeschichte, Lübeck/Städtische Museen, Heilbronn/Staatliche Galerie Moritzburg, Halle, 1997/98 (Cat.); P. K., Die Bronzen, Städtische Galerie im Lenbachhaus, Munich, 1998 (Cat.)

KP 58 *

Kopf zu Hause II /
Head at Home II, 1991/92

Bronze, patinated
37 x 31 x 20 cm / 14 1/2 x 12 1/4 x 7 3/4 "
Edition: 6 + 0
Foundry: H. Schmäke, Düsseldorf
Inscr.: PK, stamped, numbered

Exhib.: P. K., Göteborgs Konstmuseum, 1992 (Cat.); P. K., Neue Bilder und Zeichnungen, Galerie Michael Werner, Köln, 1992/93; P. K., Skulpturen, Openluchtmuseum voor Beeldhouwkunst Middelheim, Antwerpen, 1995; La Luz del Norte – pintura y esculptura, Galerie Kaj Forsblom, Caracas, 1995/96; P. K., Malerier og Skulpturer, Gallerie Riis, Oslo, 1997; P. K., Skulpturen, Terrakotten und Zeichnungen, Gerhard Marcks-Haus, Bremen und Oldenburger Kunstverein/Museum für Kunst und Kulturgeschichte, Lübeck/Städtische Museen, Heilbronn/Staatliche Galerie Moritzburg, Halle, 1997/98 (Cat.); P. K., Die Bronzen, Städtische Galerie im Lenbachhaus, Munich, 1998 (Cat.)

KP 59 *

Kopf zu Hause III /
Head at Home III, 1991/92

Bronze, patinated
25 × 24 × 17 cm / 9 3/4 × 9 1/2 × 6 3/4 "
Edition: 6 + 0
Foundry: H. Schmäke, Düsseldorf
Inscr.: PK, stamped, numbered

Exhib.: P. K., Göteborgs Konstmuseum, 1992 (Cat.); P. K., Neue Bilder, Masonitarbeiten und Skulpturen, Galerie Michael Werner, Köln, 1992/93; P. K., Skulpturen, Openluchtmuseum voor Beeldhouwkunst Middelheim, Antwerpen, 1995; P. K., Malerier og Skulpturer, Gallerie Riis, Oslo, 1997; P. K., Die Bronzen, Städtische Galerie im Lenbachhaus, Munich, 1998 (Cat.)

KP 60 *

Kopf zu Hause IV /
Head at Home IV, 1991/92

Bronze, patinated
24 × 21 × 12 cm / 9 1/2 × 8 1/4 × 4 3/4 "
Edition: 6 + 0
Foundry: H. Schmäke, Düsseldorf
Inscr.: PK, stamped, numbered

Exhib.: P. K., Göteborgs Konstmuseum, 1992 (Cat.); P. K., Neue Bilder, Masonitarbeiten und Skulpturen, Galerie Michael Werner, Köln, 1992/93; P. K., Skulpturen, Openluchtmuseum voor Beeldhouwkunst Middelheim, Antwerpen, 1995; P. K., Malerier og Skulpturer, Gallerie Riis, Oslo, 1997; P. K., Die Bronzen, Städtische Galerie im Lenbachhaus, Munich, 1998 (Cat.)

KP 61 *

Kopf zu Hause V /
Head at Home V, 1991/92

Bronze, patinated
22 × 25 × 19 cm / 8 3/4 × 9 3/4 × 7 1/2 "
Edition: 6 + 0
Foundry: H. Schmäke, Düsseldorf
Inscr.: PK, stamped, numbered

Exhib.: P. K., Göteborgs Konstmuseum, 1992 (Cat.); P. K., Neue Bilder, Masonitarbeiten und Skulpturen, Galerie Michael Werner, Cologne, 1992/93; P. K., Skulpturen, Openluchtmuseum voor Beeldhouwkunst Middelheim, Antwerpen, 1995; P. K., Bilder, Aquarelle, Skulpturen, Galerie Sfeir-Semler, Kiel, 1996; P. K., Malerier og Skulpturer, Galerie Riis, Oslo, 1997; P. K., Die Bronzen, Städtische Galerie im Lenbachhaus, Munich, 1998 (Cat.)

KP 62
Ohne Titel /
Untitled, 1994
Bronze, patinated
242 × 143 × 110 cm /
95 1/4 × 56 1/4 × 43 1/4 "
Edition: 6
Foundry: H. Schmäke, Düsseldorf

KP 63
Ohne Titel /
Untitled, 1995
Bronze, patinated
193 × 83 × 25 cm / 76 × 32 3/4 × 9 3/4 "
Edition: 1
Foundry: L. Jensen, Copenhagen

Installation: Private Collection, Ørsted, Denmark

KP 64
Ohne Titel /
Untitled, 1996
Bronze, patinated
140 × 22 × 22 cm / 55 × 8 3/4 × 8 3/4 "
Edition: 1
Foundry: H. Schmäke, Düsseldorf

Installation: Apotekergaarden, Viborg, Denmark

KP 65
Skulptur für Kopenhagen / Sculpture for Copenhagen, 1997
Bronze, patinated
410 x 220 x 90 cm /
161 1/2 x 86 3/4 x 35 1/2 "
Edition: 3
Foundry: H. Schmäke, Düsseldorf

WERKVERZEICHNIS
DER BRONZEMODELLE

CATALOGUE RAISONNÉ
OF THE BRONZE MODELS

KM 1 *

Modell für Ikast /
Model for Ikast, 1972

Bronze, patinated
7 × 4 × 5 cm / 2 3/4 × 1 1/2 × 2 "
Edition: 6 + 0

KM 2 *

Kleines Modell für Architektur-beobachtung / Small Model for Architectural Observation, 1975

Bronze, patinated
17 × 12 × 18 cm / 6 3/4 × 4 3/4 × 7 "
Edition: 6 + 0

KM 3

Modell (Maya) / Model (Maya), 1975

Bronze, patinated
11 × 14 × 13 cm / 4 1/4 × 5 1/2 × 5 "
Edition: 1

KM 4 *

Modell / Model, 1976

Bronze, patinated
10 × 6 × 4 cm / 4 × 2 1/4 × 1 1/2 "
Edition: 6 + 0

KM 5 *

Modell für den documenta-Bau /
Model for documenta Building, 1982

Bronze, patinated
17 × 16 × 7 cm / 6 3/4 × 6 1/4 × 2 3/4 "
Edition: 12 + 0

KM 6 *

Modell für Backsteinskulptur /
Model for Brick Sculpture, 1984

Bronze, patinated
23 × 6 × 7 cm / 9 × 2 1/4 × 2 3/4 "
Edition: 6 + 0

KM 7 *
Modell / Model, 1984
Bronze, patinated
15 × 17 × 17 cm / 6 × 6 3/4 × 6 3/4"
Edition: 6 + 0

KM 8
Modell I / Model I, 1985
Bronze, patinated
32 × 11 × 7 cm / 2 1/2 × 4 1/2 × 2 3/4"
Edition: 6 + 0

KM 9
Modell II / Model II, 1985
Bronze, patinated
26 × 6 × 7 cm / 10 1/4 × 2 1/4 × 2 1/4"
Edition: 6 + 0

KM 10
Modell III / Model III, 1985
Bronze, patinated
22 × 7 × 6 cm / 8 3/4 × 2 3/4 × 2 1/4"
Edition: 6 + 0

KM 11 *
Modell IV / Model IV, 1985
Bronze, patinated
25 × 7 × 6 cm / 9 3/4 × 2 3/4 × 2 3/4"
Edition: 6 + 0

KM 12 *
Modell V / Model V, 1985
Bronze, patinated
25 × 7 × 7 cm / 9 3/4 × 2 3/4 × 2 3/4"
Edition: 6 + 0

KM 13 *
Modell VI / Model VI, 1985
Bronze, patinated
15 × 18 × 11 cm / 6 × 7 × 4 1/2 "
Edition: 6 + 0

KM 14 *
Modell VII / Modell VII, 1985
Bronze, patinated
3 × 16 × 18 cm / 1 1/4 × 6 1/4 × 7 "
Edition: 6 + 0

KM 15 *
Modell VIII / Model VIII, 1985
Bronze, patinated
12 × 14 × 15 cm / 4 3/4 × 5 1/2 × 6 "
Edition: 6 + 0

KM 16 *
Modell IX / Model IX, 1985
Bronze, patinated
10 × 28 × 26 cm / 4 × 11 × 10 1/4 "
Edition: 6 + 0

KM 17 *
Modell für Paris / Model for Paris, 1985
Bronze, patinated
25 × 29 × 14 cm / 9 3/4 × 11 1/2 × 5 1/2"
Edition: 6 + 0

KM 18 *
Modell / Model, 1985
Bronze, patinated
4 × 13 × 13 cm / 1 1/2 × 5 × 5 "
Edition: 6 + 0

KM 19 *
Modell für Kiel /
Model for Kiel, 1985
Bronze, patinated
6 × 20 × 20 cm / 2 1/4 × 7 3/4 × 7 3/4 "
Edition: 6 + 0

KM 20 *
Modell für Mönchengladbach /
Model for Mönchengladbach, 1985
Bronze, patinated
4 × 20 × 19 cm / 1 1/2 × 7 3/4 × 7 1/2 "
Edition: 6 + 0

KM 21 *
Modell für Münster/
Model for Münster, 1986
Bronze, patinated
28 × 12 × 12 cm / 11 × 4 3/4 × 4 3/4 "
Edition: 6 + 0

KM 22 *
Modell für Münster/
Model for Münster, 1986
Bronze, patinated
4 × 14 × 14 cm / 1 1/2 × 5 1/2 × 5 1/2 "
Edition: 6 + 0

KM 23 *
Modell für Rotterdam /
Model for Rotterdam, 1987
Bronze, patinated
14 × 28 × 25 cm / 5 1/2 × 11 × 9 3/4 "
Edition: 6 + 0

KM 24 *
Modell / Model, 1987
Bronze, patinated
4 × 14 × 14 cm / 1 1/2 × 5 1/2 × 5 1/2 "
Edition: 6 + 0

KM 25 *
Modell / Model, 1987
Bronze, patinated
7 × 19 × 19 cm / 2 3/4 × 7 1/2 × 7 1/2 "
Edition: 6 + 0

KM 26
Modell für Lyon / Model for Lyon, 1987
Bronze, patinated
15 × 26 × 26 cm / 6 × 10 1/4 × 10 1/4 "
Edition: 1

KM 27 *
Modell für Lyon / Model for Lyon, 1987
Bronze, patinated
12 × 24 × 24 cm / 4 3/4 × 9 1/2 × 9 1/2 "
Edition: 6

KM 28 *
Modell für Lyon / Model for Lyon, 1987
Bronze, patinated
30 × 19 × 18 cm / 11 3/4 × 7 1/2 × 7 "
Edition: 6

KM 29
Modell / Model, 1987
Bronze, patinated
8,5 × 20,5 × 22 cm / 3 1/4 × 8 × 8 3/4 "
Edition: 6

KM 30 *
Modell für Kröller-Müller Museum, Otterlo / Model for Kröller-Müller Museum, Otterlo, 1987
Bronze, patinated
20 × 28 × 9 cm / 7 3/4 × 11 × 3 1/2 "
Edition: 6

KM 31
Modell für Kröller-Müller Museum, Otterlo / Model for Kröller-Müller Museum, Otterlo, 1987
Bronze, patinated
22,5 × 42,5 × 22 cm /
8 3/4 × 16 3/4 × 8 3/4 "
Edition: 1

KM 32 *
Ohne Titel (Modell für Kröller-Müller Museum, Otterlo / Model for Kröller-Müller Museum, Otterloo), 1988
Bronze, patinated
22 × 45 × 20 cm / 8 2/4 × 17 3/4 × 8 "
Edition: 1

KM 33
Modell / Model, 1988
Bronze, patinated
21 × 7 × 8 cm / 8 1/4 × 2 3/4 × 3 1/4 "
Edition: unlimited/15 for Museums-verein Mönchengladbach

KM 34 *
Modell für Bremen / Model for Bremen, 1988
Bronze, patinated
35 × 15 × 13 cm / 13 3/4 × 6 × 5 "
Edition: 6

KM 35
Modell / Model, 1988
Bronze, patinated
12,5 × 15 × 13,5 cm / 5 × 6 × 5 1/4 "
Edition: 1

KM 36
Modell für (Universität) Karlsruhe / Model for (University) Karlsruhe, 1989
Bronze, patinated
6 × 15 × 15 cm / 2 1/4 × 6 × 6 "
Edition: 6

KM 37 *

Modell für València /
Model for València, 1989

Bronze, patinated
13 × 31 × 28 cm / 5 × 12 1/4 × 11 "
Edition: 6 + 0

KM 38 *

Modell für Karlsruhe /
Model for Karlsruhe, 1989

Bronze, patinated
29,5 × 25 × 25 cm / 11 1/2 × 9 3/4 × 9 3/4 "
Edition: 6

KM 39 *

Modell für Groningen /
Model for Groningen, 1989

Bronze, patinated
13,5 × 20 × 7,5 cm / 5 1/4 × 7 3/4 × 3 "
Edition: 6

KM 40 *

Modell für Amsterdam /
Model for Amsterdam, 1989

Bronze, patinated
19 × 27 × 20 cm / 7 1/2 × 10 3/4 × 7 3/4 "
Edition: 6

KM 41 *

Modell für Groningen (2. Entwurf) /
Model for Groningen (2nd Model), approx. 1990

Bronze, patinated
33,5 × 36 × 27 cm / 13 1/4 × 14 1/4 × 10 3/4 "

KM 42

Ohne Titel / Untitled, 1990

Bronze, patinated
13 × 14 × 14 cm / 5 × 5 1/2 × 5 1/2 "
Edition: 1

KM 43
Modell (ohne Titel) /
Model (untitled), 1990
Bronze, patinated
18 × 12 × 8 cm / 7 × 4 3/4 × 3 1/4"
Edition: 6

KM 44 *
Modell für Vevey /
Model for Vevey, 1990
Bronze, patinated
11 × 25 × 25 cm / 4 1/4 × 9 3/4 × 9 3/4"
Edition: 6

KM 45
Modell / Model, 1990
Bronze, patinated
18 × 21,5 × 18 cm / 7 × 8 1/2 × 7"
Edition: 6

KM 46
Modell für Års /
Model for Års, 1990
Bronze, patinated
4,5 × 16 × 17 cm / 1 3/4 × 6 1/4 × 6 3/4"
Edition: 6

KM 47 *
Modell / Model, 1990
Bronze, patinated
12 × 19 × 19 cm / 4 3/4 × 7 1/2 × 7 1/2"
Edition: 6

KM 48
Modell / Model, 1990
Bronze, patinated
5 × 18 × 18 cm / 2 × 7 × 7"
Edition: 6

KM 49 *
Modell für Nakskov /
Model for Nakskov, 1991
Bronze, patinated
9 × 27 × 25 cm / 3 1/2 × 10 3/4 × 9 3/4 "
Edition: 6

KM 50 *
Modell / Model, 1991
Bronze, patinated
25 × 11 × 13 cm / 9 3/4 × 4 1/4 × 5 "
Edition: 6

KM 51 *
Modell für Paderborn /
Model for Paderborn, 1992
Bronze, patinated
37,5 × 31 × 10,5 cm / 14 3/4 × 12 1/4 × 4 1/4 "
Edition: 6

KM 52 *
Modell für Antwerpen /
Model for Antwerp, 1992
Bronze, patinated
12 × 33 × 23 cm / 4 3/4 × 13 × 9 "
Edition: 6

KM 53 *
Modell für Nordland /
Model for Nordland, 1992
Bronze, patinated
29 × 30 × 26 cm / 11 1/2 × 11 3/4 × 10 1/4 "
Edition: 6

KM 54 *
Modell für Göppingen /
Model for Göppingen, 1992
Bronze, patinated
11,5 × 25 × 13,5 cm / 4 1/2 × 9 3/4 × 5 1/4 "
Edition: 6

KM 55 *

Modell für Ballerup /
Model for Ballerup, 1992

Bronze, patinated

16 × 33 × 8 cm / 4 1/4 × 12 1/2 × 3 1/4"

Edition: 2

KM 56

Modell für Ballerup /
Model for Ballerup, 1993

Bronze, patinated

15 × 25 × 9 cm / 6 × 10 × 3 1/2"

Edition: 6

KM 57 *

Modell / Model, 1993

Bronze, patinated

9 × 24 × 19 cm 3 1/2 × 9 1/2 × 7 1/2"

Edition: 6

KM 58 *

Modell / Model, 1993

Bronze, patinated

13 × 13 × 13 cm / 5 × 5 × 5"

Edition: 6

KM 59 *

Modell / Model, 1993

Bronze, patinated

9 × 42 × 6 cm / 3 1/2 × 16 1/2 × 2 1/4"

Edition: 6

KM 60

Ohne Titel / Untitled,
nicht datiert / not dated

Bronze, patinated

10 × 10 × 6 cm / 4 × 4 × 2 1/4"

Edition: 6

KM 61
Modell für Lousiana, Bahnhof Humlebæk / Model for Louisiana, Humlebæk Station, 1994
Bronze, patinated
9 × 19,5 × 8,5 cm / 3 1/2 × 7 3/4 × 3 1/4 "
Edition: 6

KM 62
Modell / Model, 1995
Bronze, patinated
18 × 13 × 8 cm / 7 × 5 1/4 × 3 1/4 "
Edition: 6

KM 63 *
Modell / Model, 1996
Bronze, patinated
28 × 20 × 7 cm / 11 × 7 3/4 × 2 3/4 "
Edition: 6

KM 64
Modell / Model, 1997
Bronze, patinated
26 × 19 × 7 cm / 10 1/4 × 7 1/2 × 2 3/4 "
Edition: 6

AUSGEWÄHLTE BIBLIOGRAPHIE ZU DEN BRONZEPLASTIKEN

SELECTED BIBLIOGRAPHY ON THE BRONZE SCULPTURES

Per Kirkeby, Acht Bronzeplastiken 1981–1983, text: Andreas Franzke, cat.: Galerie Micharel Werner, Cologne, 1984.

Skulptur im 20. Jahrhundert, cat.: Merian-Park, Basel, 1984.

Per Kirkeby, Painting, Sculptures, Films, text: Troels Andersen, cat.: Douglas Hyde Gallery, Dublin/Fruitmarket Gallery, Edinburgh, 1985.

Per Kirkeby, Skulpturer, text: Peter Laugesen, cat.: Den Frie Udstillings bygning, Copenhagen, 1985.

Per Kirkeby, Skulpturen und Bilder, text: Agnes von der Borch, cat.: Galerie Knoedler Zürich, 1985.

Beelden op de Berg 4, cat.: Belmonte Arboretum, Wageningen, 1985.

Dänische Skulptur im 20. Jahrhundert, cat.: Wilhelm-Lehmbruck-Museum, Duisburg, 1985.

Per Kirkeby, Recent Painting & Sculpture, texts: Nicolas Serota, Tony Godfrey, Per Kirkeby, cat.: Whitechapel Art Gallery, London, 1985.

Per Kirkeby, Salzburg Bilder und sieben Skulpturen, texts: Per Kirkeby, cat.: Galerie Thaddaeus Ropac, Salzburg, 1986.

Raumbilder in Bronze, Per Kirkeby, Markus Lüpertz, A. R. Penck, texts: Andreas Franzke, Ulrich Weisner, cat.: Kunsthalle Bielefeld, 1986.

Per Kirkeby, text: Peter Schjeldahl, cat.: Mary Boone/Michael Werner Gallery, New York, 1986.

Per Kirkeby, Bilder und Skulpturen, text: Johannes Gachnang, cat.: Kunstverein Freiburg, 1987.

Per Kirkeby, Gemälde, Handzeichnungen, Skulpturen, texts: Siegfried Gohr, Peter Schjeldahl, Troels Andersen, Andreas Franzke, cat.: Museum Ludwig, Cologne, 1987.

Per Kirkeby, Skitser og Modeller, ed.: Birte Philip, text: Palle Rönde Möller, Gentofte Hovedbibliothek, Copenhagen, 1987.

Monumenta (19e Biennale), cat.: Openluchtmuseum voor Beldouwkunst, Middelheim, Antwerpen, 1987.

Per Kirkeby, text: Bernhard Lamarche-Vadel, cat.: Centre de Création Contemporain de Tours, 1987.

Standing Sculpture, ed.: Rudi H. Fuchs, texts: Johannes Gachnang, Francesco Poli, cat.: Museo d'Arte Contemporanea, Castello di Rivoli, Turin, 1988.

Per Kirkeby, Bilder – Skulpturen, text: Rudi H. Fuchs, cat.: Galerie Beaumont, Luxembourg, 1988.

Per Kirkeby, text: Achille Bonito Oliva, with a poem by Per Kirkeby, cat.: Cleto Polcina Artemoderna, Rome, 1989.

Per Kirkeby, Bilder und Skulpturen, text: Friedrich Meschede, cat.: Galerie Lelong, Zürich, 1989.

Magiciens de la Terre, pref.: Jean-Hubert Martin, texts: Pierre Gaudibert, et al., cat.: Musée National d'Art Moderne, Centre Georges Pompidou, Paris, 1989.

Per Kirkeby, Werke 1983–1988, ed. & pref.: Rudolf Koella, text: Max Wechsler, cat.: Kunstmuseum Winterthur, 1989.

Per Kirkeby, Modeller og Skisser til Teglestensskulpturer, texts: Per Kirkeby, Denys Zacharopoulos, cat.: Bergens Kunstforening, Bergen, 1989.

Per Kirkeby, Pinturas, Esculturas, Grabados y Escritos, eds.: Piet de Jonge, Vincente Todoli, texts: Troels Andersen, Denys Zacharopoulos, cat.: IVAM Centre del Carme, València, 1989.

Per Kirkeby, text: Virginia Barandel, cat.: Graziella Graziani. Villa Domenica, Treviso, 1990.

Per Kirkeby, Gemälde, Arbeiten auf Papier, Skulpturen 1977–90, ed.: Klaus Gallwitz, texts: Ursula Grzechca-Mohr, Beatrice von Bismarck, Ulrich Wilmes, cat.: Städtische Galerie im Städelschen Kunstinstitut, Frankfurt/M., 1990.

Per Kirkeby, texts: Peter Schjeldahl, Ane Hejlskov Larsen, Johannes Gachnang, Lars Morell, Asger Schnack, Carl Nörrested, Louisiana Revy, No. 3, Humlebæk, June 1990.

Per Kirkeby, Paintings, Sculptures, Drawings, Books, Films 1964–1990, ed.: Björn Springfeldt, texts: Peter Schjeldahl, Siegfried Gohr, Ane Hejlskov Larsen, Lars Morell, cat.: Moderna Museet, Stockholm, 1990.

Per Kirkeby, ed.: Jan Brockmann, texts: Hans-Jakob Brun, Peter Schjeldahl,

Lars Morell, Per Kirkeby, cat.: Museet for Samtidskunst, Oslo, 1990.

Per Kirkeby, texts: Peter Schjeldahl, Siegfried Gohr, Ane Hejlskov Larsen, Lars Morell, cat.: Taidemuseum, Pori 1991.
Figur. Ansichten von Figur in der Moderne, ed. & pref.: Andreas Pfeiffer, text: Karlheinz Nowald, cat.: Städtische Galerie, Heilbronn, 1991.
Per Kirkeby, ‚ohne Titel‘, with a letter from Silvio Blatter, cat.: Galerie Lelong, Zurich, 1991.
Per Kirkeby, text: Per Kirkeby, text & interview: Eddy Devolder, Philippe Giumiot Editeur, Brussels, 1996.
Per Kirkeby, Painting and Sculpture 1980–1990, texts: Siegfried Gohr, S. J. Andersen, Per Kirkeby, cat.: Kunstmuseet Trapholt, Kolding, 1991.
Per Kirkeby, Pinturas y Esculturas, cat.: Gamarra y Garrigues, Madrid, 1991.

Per Kirkeby, Excursions & Expeditions, cat.: Magasin – Centre National d'Art Contemporain, Grenoble, 1992.
documenta IX, introd.: Jan Hoet, texts: Denys Zacharopoulos, Bart de Baere, Pier Luigi Tazzi, et al., Kassel, 1992.
Per Kirkeby, Skulpturen, text: Werner Mayer, cat.: Städtische Galerie Göppingen, Ostfildern, 1992.
Per Kirkeby i Göteborg, text: Folke Edward, cat.: Göteborgs Konstmuseum, Göteborg, 1992.
Per Kirkeby, text: Carsten Ahrens, cat.: Galerie Borkowski, Hannover, 1992.
Per Kirkeby, text: Piet de Jonge, cat.: Galerie Van Mourik, Rotterdam, 1992.
Kopf-Ansichten. Malerei und Plastik der 80er Jahre, text: Erich Thies, cat.: Pfalzgalerie Kaiserslautern, 1992.

Per Kirkeby, The Inferno Series, Recent Paintings, text: Per Kirkeby (excerpt from Much Later), cat.: Laura Carpenter Fine Art, Santa Fé, 1993.
Per Kirkeby, Ars Fennica 1993, ed.: Henna ja Pertti Niemistön Kuvataidesäätiö, rev.: Kirsti Karvonen, Liisa Lindgren, Helsinki 1993.
Per Kirkeby, Bilder, Arbeiten auf Papier, Skulpturen 1983–1991, cat.: Galerie Springer, Berlin, 1993.
Per Kirkeby, texts: Per Kirkeby, Igor Zabel, cat.: Moderna Galerija, Ljubljana, 1993.

Per Kirkeby, ed. & pref.: Ferdinand Ullrich, texts: Ane Hejlskov Larsen, Per Kirkeby, Hans-Jürgen Schwalm, Kunstausstellung der Ruhrfestspiele, Kunsthalle Recklinghausen, 1994.
Per Kirkeby, Obrazy a sochy, Národní Galerie v Praze, eds. Torsten Blondal & Ane Hejlskov Larsen (published in conjunction with the exhibition: P. K., Paintings and Sculptures, National Gallery of Prague) Prague, 1994.

Die Städelschule Frankfurt am Main, ed. & text: Hubert Salden, texts: Norbert Suhr, Rudolf Schmitz, et. al., Mainz, 1995.
Carnegie International, introd.: Richard Armstrong, cat.: The Carnegie Museum of Art, Pittsburgh, 1995.

Per Kirkeby, texts: Anders Kold, Dorthe Aagesen, Lars Morell, cat.: Arken Museum for Moderne Kunst, Ishøj, 1996.
Per Kirkeby, Gemälde, Arbeiten auf Papier, Skulpturen, text: Siegfried Gohr, cat.: BAWAG Fondation, Vienna, 1996.

Per Kirkeby, Skulpturen, Terrakotten und Zeichnungen, texts: Dieter Brunner, Lars Morell, Arie Hartog, cat.: Gerhard-Marcks-Stiftung, Bremen, 1997.
Per Kirkeby, Bilder und Skulpturen, text: Ferdinand Ullrich, cat.: Essen/ Wuppertal, 1997.
Per Kirkeby, Malerei, Skulptur, Zeichnung, texts: Rudolf Sagmeister, Per Kirkeby, cat.: Kunsthaus Bregenz, 1997.
Louisiana-Udstillingen 1997, Ny Kunst fra Danmark og Skåne, Louisiana Revy, No. 1, Humlebæk, October 1997.
KölnSkulptur 1, text: Barbara Rose, Barbara Catoir, Siegfried Gohr, et. al., Cologne, 1997.

Per Kirkeby, ed.: Nicolas Serota, text: Jill Lloyd, cat.: Tate Gallery, London, 1998.
Per Kirkeby, Die Bronzen, text: Per Kirkeby, Ulrich Wilmes, cat.: Städtische Galerie im Lenbachhaus Munich, Cologne, 1998.

DANK

ACKNOWLEDGEMENTS

Unser besonders herzlicher Dank gilt Per Kirkeby für seine freundschaftliche Verbundenheit und sein Engagement bei der Verwirklichung der Ausstellung. Ebenso sind wir Michael Werner, der uns nicht nur die Werke zur Verfügung gestellt hat, sondern darüber hinaus die Arbeit an diesem Buch in jeder Hinsicht unterstützt hat, zu großem Dank verpflichtet. In diesen Dank einschließen möchten wir Erika Költzsch, die geduldig alle Anfragen beantwortet hat. Wir danken Claudio Abate für seine hervorragende photographische Neu-Inszenierung der Bronzen sowie Uwe Koch und Andreas Balze für die Realisierung der Publikation. Letztlich sei allen Mitarbeitern des Lenbachhauses gedankt, die an diesem Projekt mitgewirkt haben.

We are particulary grateful to Per Kirkeby for his amiable solidarity and his involvement in the realization of this exhibition. We also owe tremendous gratitude to Michael Werner, who not only made works available to us, but in addition supported the work on this book in every respect. We wish to include in our expression of thanks Erika Költzsch, who patiently answered all inquiries. We thank Claudio Abate for his outstanding photographic re-staging of the bronzes as well as Uwe Koch and Andreas Balze for the realization of this publication. Finally, thanks go to all the staff of Lenbachhaus who worked on this project.

Dieses Buch erscheint anläßlich der Ausstellung „Per Kirkeby – Die Bronzen" im Kunstbau der Städtischen Galerie im Lenbachhaus München vom 23. September – 29. November 1998.

Leihgeber: Galerie Michael Werner, Köln und New York
Übersetzer: William A. Mickens, W. Glyn Jones, Irmelin Mai Hoffer

Die deutsche Bibliothek – CIP-Einheitsaufnahme

[Per Kirkeby, Die Bronzen] Per Kirkeby, Die Bronzen, the bronzes: Werkverzeichnis; [anläßlich der Ausstellung „Per Kirkeby – Die Bronzen" im Kunstbau der Städtischen Galerie im Lenbachhaus München vom 23. September – 29. November 1998] / Ulrich Wilmes. Mit einem Text von Per Kirkeby. [Übers: William A. Mickens ...].
– Köln: König, 1998

Fotografie: Claudio Abate, Rom, Lothar Schnepf, Köln, Bent Ryber, Kopenhagen, Paul Pedersen, Århus, Lars Morell, Århus, Galerie Michael Werner, Köln, Per Kirkeby
Gestaltung: Silke Fahnert + Uwe Koch, Köln
Lithographie: Art Publishing, Lohmar
Herstellung: dcp Druck Center Potsdam
ISBN: 3-88375-336-X